20,-

tutorial

Helmut Werner - Ingrid Werner -
Paul Janssen

Probleme der praktischen Mathematik

Eine Einführung

Band I

E. Henze
18.8.75

Pädagogischer Verlag Schwann

TUTORIAL Reihe Mathematik
Herausgegeben von
Prof. Dr. M. Glatfeld, Prof. Dr. E. Joachim, Prof. Dr. B. Picker

 – 1. Auflage 1975
Filmsatz: K. E. Meier, Freiburg i. Br.
ISBN 3-590-14417-3

INHALT

VORWORT

Die vorliegende Einführung in die praktische Mathematik hat das Ziel, diesem Gebiet bisher Fernstehende, insbesondere unter den Mathematiklehrern und Studienanfängern, mit typischen Problemstellungen und -lösungen in dieser Fachrichtung bekannt zu machen. Sie will dazu beitragen, die noch verbreitete Vorstellung auszuräumen, daß die Angewandte Mathematik nur den Praktiker, den „Industriemathematiker", angehe und vorwiegend für ihn interessant sei.
Dieses Buch ist darauf angelegt, einen Überblick zu geben; dem Inhaltsverzeichnis und anschließenden Abhängigkeitsdiagramm ist die Zusammenstellung der behandelten Problemkreise zu entnehmen. Es wurde versucht, den in der Mathematik üblichen Aufwand an Formeln zugunsten verbaler Darlegungen und Motivationen der Methoden, Zusammenhänge und Hintergründe einzuschränken. Leider war es selbst in dem uns zur Verfügung gestellten Umfang von zwei Bänden noch nicht möglich, in dem Maße, wie es wünschenswert wäre, darauf einzugehen, wie stark sich die Angewandte Mathematik mit der Wirklichkeit auseinanderzusetzen hat. Es wäre auch darzustellen, wie man dabei Kompromisse eingehen muß, indem man wesentliche Effekte vom Einfluß unwesentlicher Erscheinungen befreit und so versucht, zu mathematisch zugänglichen Verhältnissen zu kommen.
Während man in der Reinen Mathematik dem Rechnen mit Zahlen oft wenig Sinn abzugewinnen vermag, ist es für denjenigen, der sich mit der praktischen Mathematik beschäftigt, notwendig, aber auch reizvoll, durch Erproben der numerischen Verfahren, ja geradezu mit Zahlen spielend, ein Gespür dafür zu erhalten und zu sehen, ob eine Idee brauchbar ist, ob ein Verfahren mit einem angemessenen Aufwand schnell oder sogar überraschend zur Lösung einer gestellten Aufgabe führt.
Dabei mag sich diese Angemessenheit mit der Entwicklung der Hilfsmittel ständig verschieben. Der derzeitige rapide Fortschritt im Bau handlicher elektronischer Taschenrechner z. B. wird die Verwendbarkeit einfacher numerischer Verfahren sicherlich stark vergrößern.
In diesem Sinne lag es nahe, den Text durch eine Anzahl Aufgaben zu ergänzen. Sie sollen einmal Zahlenbeispiele für den Leser liefern, der das eine oder andere Beispiel ausprobieren möchte. Ihm geben die Lösungshinweise Material, an dem er die Richtigkeit seiner Rechnungen verifizieren kann. Darüber hinaus haben einige Aufgaben den Zweck zu zeigen, auf welche Weise die geschilderten Verfahren in den Anwendungen auftreten, andere schließlich dienen zur Vertiefung und Weiterführung des dargebotenen Stoffes.
Wir hoffen, dem Leser zu zeigen, daß das Gebiet der Praktischen Mathematik neben der praktischen Brauchbarkeit der Verfahren eine Fülle interessanter Fragestellungen birgt und auch sie eine Freude an mathematischen Überlegungen und Gedankengängen hervorzurufen vermag.

Zum Abschluß möchten wir denen danken, die am Zustandekommen dieser Einführung teil haben. Herr Professor Dr. Martin Glatfeld regte die Anfertigung dieser Bände und ihre Aufnahme in die Tutorial-Serie an. Herr Oberschulrat a. D. Knabe führte die Verhandlungen als Vertreter des Verlages und kam unseren Wünschen stets entgegen. Frau Geisler schrieb mit großer Sorgfalt und nicht endender Geduld das Manuskript. Herr Dr. H. Arndt nahm sich die Zeit, uns beim Lesen der Korrekturen zu unterstützen.

H. Werner, I. Werner, P. Janßen

Übersicht
über den sachlichen Zusammenhang der Kapitel der beiden Bände

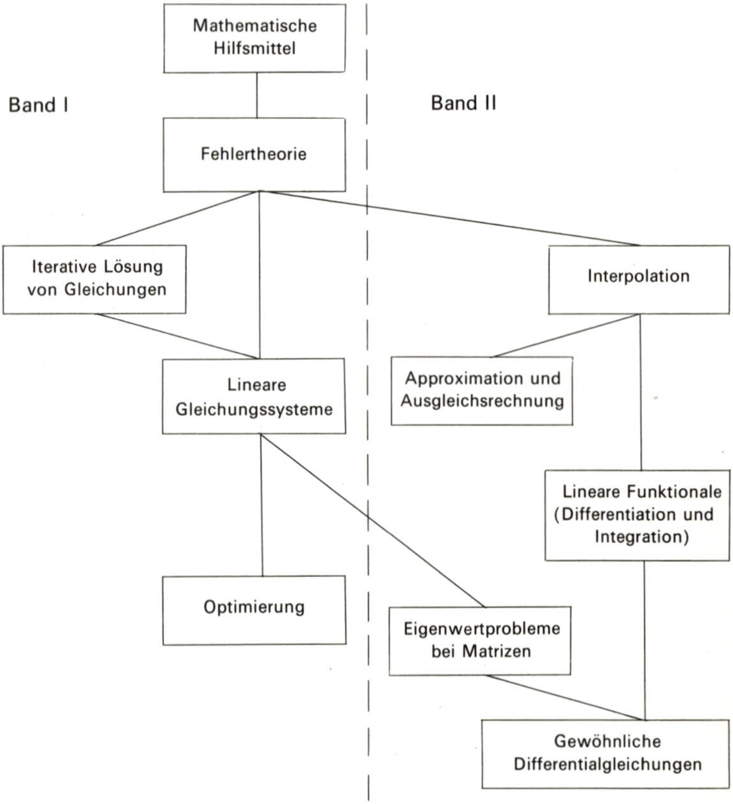

EINLEITUNG

In einer Vorlesung für Praktische Mathematik stehen die konstruktiven Aspekte der Mathematik im Vordergrund. In diesem Buch sollen nicht so sehr umfassende Theorien in allen Einzelheiten dargestellt, sondern vielmehr ein Überblick über die Aufgabenstellungen, die Gedankengänge und Arbeitsmethoden dieses Zweiges der Mathematik vermittelt werden. Wer tiefer in die Materie eindringen möchte, sei auf die angegebene Literatur verwiesen. Insbesondere folgt dieser Überblick der in den beiden Bänden [17] und [18] von Werner und Schaback benutzten Gliederung, abgesehen von dem Kapitel über Optimierung, für das insbesondere auf die Bücher [3] von Collatz/Wetterling und [13] von Stiefel hingewiesen sei.

An den Gymnasien würde eine zu einseitige Vorstellung von der Mathematik und ihrer Verwendbarkeit vermittelt, wenn der Mathematikunterricht nicht auch Themen der Praktischen Mathematik entsprechend ihrer jüngsten Entwicklung angemessen zur Sprache brächte; die Behandlung numerischer Verfahren kann darüberhinaus dazu beitragen, eine algorithmische und operationelle Denkweise zu schulen und die Kritikfähigkeit gegenüber Problemlösungen zu fördern. Es ist daher unsere Hoffnung, daß dieses Buch den Lehrer am Gymnasium anregt, das eine oder andere daraus in seinen Unterrichtsstoff aufzunehmen oder in einer Arbeitsgemeinschaft zu behandeln. Der Stoff ist in der Regel so einfach gehalten, daß seine Grundtatsachen einem Schüler verständlich gemacht werden können. Die Tatsache, daß nicht der ganze Stoff dieses Buches in einer Arbeitsgemeinschaft behandelt werden kann, war u. a. ein Grund dafür, einen modularen Aufbau anzustreben und zu versuchen, die einzelnen Kapitel möglichst voneinander unabhängig zu gestalten; Kreuzreferenzen wurden weitgehend vermieden. Der Zusammenhang zwischen den einzelnen Kapiteln ist aus dem obigen Abhängigkeitsdiagramm ersichtlich.

In späteren Kapiteln des Buches werden zuweilen Grundkenntnisse aus der linearen Algebra benutzt. Ohne Matrizenschreibweise kann man kaum sinnvoll lineare Gleichungssysteme behandeln, denn die auftretenden Formeln würden zu unübersichtlich. Analog sind bei den Differentialgleichungen im Band II die Grundkenntnisse aus der Infinitesimalrechnung wünschenswert, wie z. B. Aussagen über die Stetigkeits- und Differenzierbarkeitsbegriffe.

Dieser Überblick soll gleichzeitig auch den methodischen Unterschied zwischen Reiner und Angewandter Mathematik erkennen lassen. In der abstrakten Mathematik wird in der Regel von einem Axiomensystem, d. h. einem System von nicht weiter in Frage gestellten Aussagen, ausgegangen und versucht, daraus Folgerungen zu ziehen.

Die Angewandte Mathematik hingegen soll von konkreten Fragestellungen und Problemen ausgehen, aus ihnen den mathematischen Sachverhalt durch eine Analyse herausschälen und numerische Methoden entwickeln, die das dabei entstandene mathematische Problem zu lösen gestatten. Nach Durchführung der Rechnung muß die Lösung in die Praxis zurückübersetzt und geprüft werden, ob sie die Wirklichkeit gut genug beschreibt; letzteres kann beispielsweise dadurch geschehen, daß man in Testexperimenten Vergleiche zwischen Messungen und Rechnungen anstellt.

Es ist bemerkenswert, daß die in der Reinen Mathematik verwendeten Axiomensysteme i. a. doch so beschaffen sind, daß sie Verhältnisse unserer Umwelt sehr gut zu beschreiben gestatten. Es scheint tatsächlich der Fall zu sein, daß auch die Axiomensysteme bewußt oder unbewußt abstrahierte Erfahrungen widerspiegeln.

Bevor man ein numerisches Verfahren aufzustellen beginnt, muß man sich darüber Klarheit verschaffen, daß die Fragestellung sachgemäß ist. Dazu ist zu prüfen, ob man nicht zu viele oder zu wenige Problembedingungen einbezogen hat und es folglich keine oder mehrere Lösungen gibt. Es ist eine in den Bereich der Reinen Mathematik hineinreichende Fragestellung, ob zu dem gegebenen Problem eine Lösung existiert und ob sie eindeutig ist. Ferner muß man von einer sachgemäßen Aufgabenstellung fordern, daß die Lösung stetig von den eingehenden Meßdaten abhängt, denn diese Daten sind meistens nur ungenau bekannt und ihre Ungenauigkeit überträgt sich auf die Lösung des Problems. Diese darf aber durch eine Meßungenauigkeit nicht zu sehr in ihrem Charakter und ihren Werten geändert werden.

Wie ein praktisches Verfahren aussieht, hängt weitgehend von den zur Verfügung stehenden Hilfsmitteln ab. Dementsprechend sind im Gegensatz zu den ewig gültigen Aussagen der Reinen Mathematik die in der Angewandten Mathematik entwickelten Methoden und Verfahren einem ständigen Wandel unterworfen.

Entscheidend für die Auswahl eines Verfahrens sind verschiedene, zum Teil einander widerstrebende Gesichtspunkte. Einmal wird man auf die Schnelligkeit des Verfahrens oder auf den sparsamen Einsatz der Hilfsmittel Wert legen. Zum anderen muß das Verfahren unempfindlich gegen die verschiedenen, weiter unten aufgezählten Fehlerquellen sein (numerische Stabilität). Außerdem sollte das Verfahren eine beliebige, vorher spezifizierte Genauigkeit zu erreichen gestatten, wenn man die Rechnung mit einer Arithmetik hinreichender Genauigkeit etwa auf einem Computer durchführt. Schließlich ist dafür zu sorgen, daß neben dem eigentlichen Rechenverfahren Fehlerabschätzungen möglich sind, und zwar entweder a priori, d. h., daß man bereits vor der eigentlichen Rechnung Schranken für auftretende Fehler angeben kann, wenn man nur die Eingabedaten und die Rechengenauigkeit der Maschine kennt, oder a posteriori, indem man die gefundene Näherungslösung in die Bedingungsgleichungen einsetzt und aus den dabei auftretenden Abweichungen auf die Güte der Näherung schließt.

Bei der Übertragung eines praktischen Problems in seine mathematische Formulierung und Auflösung in einen Algorithmus treten verschiedene Fehlerquellen auf, über die man sich Rechenschaft geben muß, um sie kontrollieren zu können.

1) Bei der Beschreibung der Wirklichkeit durch ein mathematisches Modell hat man Näherungsannahmen zu machen und Idealisierungen vorzunehmen, die zwangsläufig zu Fehlern führen.

2) Die Aufnahme der Daten wird nur eine beschränkte Genauigkeit (Stellenzahl) zulassen. Man kennt in der Regel den dabei hinzunehmenden Fehler.

3) Es treten systematische Fehler (z. B. Abbruchfehler) auf, wenn man einen Grenzprozeß durch endlich viele Schritte approximiert, z. B. muß man die Berechnung einer unendlichen Reihe durch einen finiten Prozeß, etwa eine endliche Summation ersetzen.

4) Bei dem Rechnen treten Rundungsfehler auf, da die digitalen Anlagen nur eine feste vorgegebene Anzahl von Stellen bei der Rechnung mitführen und bei den Grundrechnungsarten mehr Stellen entstehen als aufgeführt werden können. Diese Stellen müssen durch Abrunden gestrichen werden. Beim Rechenschieber wird bei jeder Ablesung gerundet, da man nur auf einige Promille genau ablesen kann.

5) Die benutzten Geräte können fehlerhaft sein, und auch dieser Fehler ist unter Umständen einer Kontrolle zugänglich, wenn man seinen Trend und seine Größe abzuschätzen vermag.

6) Schließlich können menschliche Irrtümer auftreten. Diese entziehen sich naturgemäß einer mathematischen Behandlung. Man kann ihnen aber durch Einbau von Kontrollen, z. B. durch Gewinnung von vergleichbaren Ergebnissen nach verschiedenen Verfahren, zu begegnen versuchen.

Einer mathematischen Behandlung sind insbesondere die unter 3) und 4) genannten Fehlerquellen zugänglich. Die Fehlerquelle 2) wird sich ebenso wie 5) in gewisser Weise der Theorie der Rundungsfehler subsumieren lassen.

Entsprechend den vorgenannten Zielsetzungen der Praktischen Mathematik gibt das vorliegende Buch zunächst einen Überblick über die heute zur Verfügung stehenden Hilfsmittel und im zweiten Kapitel eine Einführung in die Behandlung der Verfahrens- und Rundungsfehler. Die folgenden Kapitel widmen sich dann einzelnen, für die Praktische Mathematik typischen Fragestellungen. Es geht dabei mehr um eine Motivation der jeweils verwendeten numerischen Methoden als um eine vollständige Behandlung, so daß die Darstellung auch für einen zunächst Außenstehenden reizvolle Aspekte bieten sollte.

I. MATHEMATISCHE HILFSMITTEL

Man kann zwei Gruppen mathematischer Hilfsmittel unterscheiden, die digitalen und die analogen. Bei den digitalen werden die den Berechnungen zugrundeliegenden Größen jeweils durch eine Anzahl gewisser Elemente dargestellt, etwa durch die Umdrehungen eines Zählwerks, durch elektrische Impulse oder Stellungen elektronischer Elemente, die zwei wohl unterscheidbare Zustände annehmen können und die man auf diesen Zustand hin ‚abfragen' kann. Ferner kann man dazu Tabellen zählen, in denen ja die Werte von gewissen Funktionen mit einer Anzahl fester Dezimalstellen aufgeführt sind.
Bei den analog arbeitenden Hilfsmitteln werden die in die Rechnung eingehenden Größen durch physikalische Quantitäten dargestellt, die zur Ermittlung von Rechenergebnissen gemessen werden. Außerdem wird beim Ablauf der Rechnung der mathematische Prozeß durch einen entsprechend verlaufenden physikalischen Prozeß simuliert. Diese Geräte sind in ihrer Anwendbarkeit sehr stark eingeschränkt. Sofern analoge Prozesse angewendet werden können, übertreffen sie aber oft den Digitalrechner an Einfachheit und Schnelligkeit im Gebrauch (Effektivität).
In der folgenden Tabelle sind jeweils die miteinander vergleichbaren digitalen und analogen Hilfsmittel gegenübergestellt.

Digital	Analog
Tischrechner, Taschenrechner Tabellenwerke Elektronische Digitalrechner	Rechenschieber Nomogramme Analogrechner (elektronisch und mechanisch)

Welches Hilfsmittel zur Durchführung einer Berechnung zu bevorzugen ist, wird von der gewünschten Schnelligkeit, Genauigkeit, der Bequemlichkeit der Handhabung und den Kosten abhängen. Die Entscheidung über den Einsatz ist also eine Frage der Angemessenheit des Hilfsmittels bei der Lösung eines Problems. Sie wird von dem Praktiker jeweils im einzelnen zu treffen sein. Es wurde bereits darauf hingewiesen, daß bei den digitalen Hilfsmitteln mit Rundungsfehlern zu rechnen ist, weil man nur eine beschränkte Stellenanzahl in einer Rechnung mitführen kann, und daß bei einem analog arbeitenden Hilfsmittel statt der Rundungsfehler Ablesefehler und Einstellungsfehler eintreten werden. Beide entsprechen in ihrem Einfluß auf die Berechnungen einer ungenauen Eingabe von Daten. Im folgenden wird eine kurze Beschreibung der einzelnen Hilfsmittel gegeben.

1. Tischrechenmaschinen

Die modernen Maschinen arbeiten heute weitgehend elektronisch, die älteren Geräte dagegen mechanisch oder elektromechanisch. Durch Drücken von Knöpfen kann man ziffernweise Zahlen in diesen Maschinen einstellen. Die arithmetischen Operationen verlaufen in mechanischen oder elektromechanischen Geräten ähnlich wie bei einem Tourenzähler am Auto oder an einem Fahrrad durch Zählung von Umdrehungen ggfs. mit einem Übertrag; diese Hilfsmittel sind fast jedem von uns in Form von Registrierkassen in den Geschäften bekannt. Soweit die Tischrechenmaschinen elektronisch arbeiten, unterscheidet sich die Ausführung der arithmetischen Operationen grundsätzlich in nichts von der bei den später zu beschreibenden elektronischen Digitalrechnern. Inzwischen gibt es bereits eine große Anzahl sehr leistungsfähiger, z.T. sogar programmierbarer Tisch- und Taschenrechner. Eine eindrucksvolle Darstellung der historischen Entwicklung vom einfachen Tischrechner bis zur elektronischen Großrechenanlage mit zahlreichen Abbildungen von Maschinen und ihren Bauteilen ist in dem Buch [1] von Beauclair enthalten.

2. Rechenschieber

Er stellt das Analogon zur Tischrechenmaschine dar und war früher zunächst nur auf die Operationen der Multiplikation und Division zugeschnitten. Heute enthalten die Standardrechenschieber Skalen, von denen man Logarithmus- oder Exponentialfunktionen sowie die trigonometrischen Funktionen ablesen und in eine Rechnung einbringen kann. Die Vielfalt der Verwendungsmöglichkeiten des Rechenschiebers sei an drei Beispielen erläutert:

1) Kubische Gleichungen der Form $x^3 - ax - b = 0$ lassen sich mit einem (üblichen) Rechenschieber ziemlich schnell bis zur Ablesegenauigkeit lösen. Der folgende Lösungsweg ist ein typisches Beispiel für einen iterativen Prozeß.
Es sei $a \geq 0$, $b > 0$. Schreibt man die obige Gleichung in der Form

$$x^2 = a + \frac{b}{x},$$

so kann man, mit einem $x_0 > 0$ beginnend, eine gegen die positive Wurzel konvergierende Zahlenfolge bilden durch die Iteration

$$x_{i+1}^2 = a + \frac{b}{x_i}$$

Die Multiplikation $b \cdot \frac{1}{x_i}$ erfolgt mit Hilfe der $\frac{1}{x}$-Skala der Zunge des Rechenschiebers. Nach Addition (im Kopf) von a stellt man den Schieber auf den Wert dieser Summe an der x^2-Skala ein und liest auf der x-Skala dann den Wert x_{i+1} ab, mit dem man in der Iteration fortfährt. Für $a = 7$ und $b = 2$ erhält man z. B. folgende Werte:

i	0	1	2	3
x_i	∞	2,65	2,78	2,78
x_{i+1}^2	7	7,754	7,719	

Ableseschema:

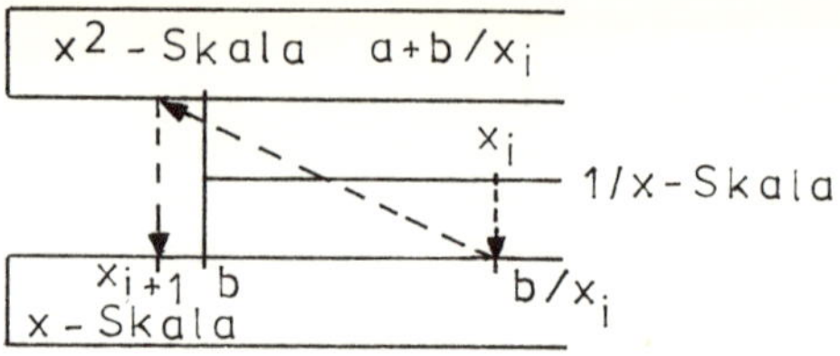

Figur 1.1

Hinweis: Wir sprechen beim Standardrechenschieber von der x-Skala, 1/x-Skala etc., obwohl die Längen log x, log 1/x etc. aufgetragen sind.

2) Die Berechnung von $v = u^y$ (u, y positiv) kann unter Ausnutzung der Exponentialskala erfolgen:

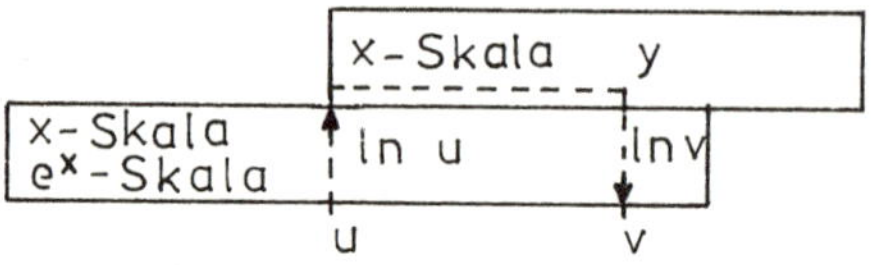

Figur 1.2

Zu u auf der e^x-Skala bekommt man auf der x-Skala den Wert ln u, wie üblich findet man das Produkt $y \cdot \ln u$ durch Einstellen der Zunge des Schiebers und hat damit ln v auf der x-Skala des Körpers. Darunter kann man mit Hilfe des Läufers leicht den Wert von v selbst ablesen.

Dieses Beispiel zeigt die Überlegenheit eines Rechenstabes gegenüber einer Tischrechenmaschine, bei der i.a. die Benutzung von Logarithmen so gut wie ausgeschlossen ist, wenn man keine Logarithmentafel zu Hilfe nimmt; es sei denn, daß derartige Standardfunktionen mit Hilfe elektronischer Bausteine als festverdrahtete Unterprogramme eingebaut sind.

3) Das folgende Beispiel zeigt, wie man sich für häufig wiederkehrende Rechenaufgaben Spezialrechenstäbe anfertigen kann. Es sei die Funktion $z = (x^{1/2} + y^{1/2})^2$ im Bereich zwischen 0 und 100 auszurechnen. Ein einfacher Weg führt über die Konstruktion eines eigenen problemorientierten Rechenschiebers (z.B. aus Papier), bestehend aus zwei Schienen, die statt der logarithmischen Skala eine Skala $X = x^{1/2}$ bzw. $Y = y^{1/2}$ tragen, an denen die Argumentwerte x bzw. y notiert sind. Der Wert z ist nach der Addition $z^{1/2} = x^{1/2} + y^{1/2}$ sofort abzulesen.

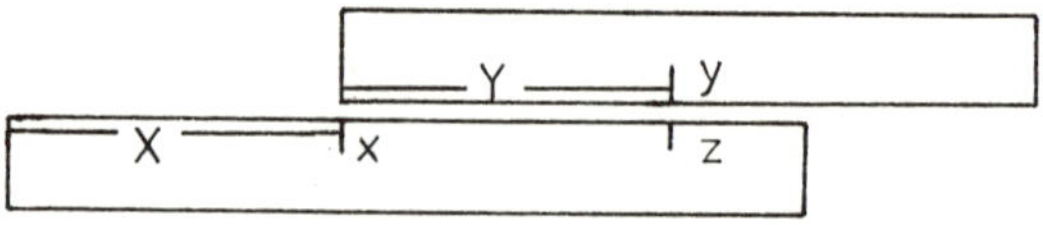

Figur 1.3

Es ist sehr zu empfehlen, für einfache in der Praxis immer wieder auftretende Rechenprobleme einen speziellen Rechenschieber zu konstruieren, falls die zu erzielende Genauigkeit ausreicht.

3. Graphische Darstellungen, Nomogramme

Eine weitere Möglichkeit, Funktionen numerisch zugänglich zu machen, bietet die graphische Darstellung. Es hängt von der Aufgabenstellung und auch von der Vorliebe des Praktikers ab, ob er Tabellen oder graphische Darstellungen bevorzugt. Letztere geben sehr viel schneller einen groben Überblick über den Verlauf einer Funktion einer Veränderlichen und gestatten es, gewisse Eigenschaften, wie die ungefähre Lage der Extrema oder Nullstellen und ihre Anzahl sehr rasch zu erfassen.
Die Funktionen mehrerer Veränderlicher können zu sehr umfangreichen Tafelwerken führen. Für diese Funktionen ist die graphische Darstellung der Tabellierung sicherlich überlegen, wenn es z. B. um die bereits genannten Eigenschaften geht.
Eine Möglichkeit, Funktionen zweier Veränderlicher darzustellen, kennt man aus der Kartographie. Durch die Aufzeichnung von Höhenlinien kann man sich eine gute Vorstellung von Tälern und Hügeln machen. Die Höhenlinien sind Kurven in der Ebene der beiden Veränderlichen, auf denen die Funktion konstant ist.

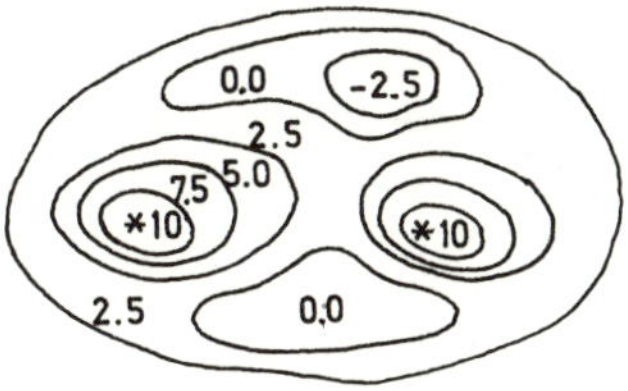

Figur 1.4

Bei unseren graphischen Darstellungen werden funktionale Zusammenhänge zwischen drei Variablen eine Sonderstellung einnehmen, weil sie einer ebenen Darstellung gut zugänglich sind. Will man weitere Veränderliche zulassen, so muß man einen drei- oder höherdimensionalen Raum zu Hilfe nehmen bzw. mehrere zweidimensionale Darstellungen kombinieren. Auch diese Methode wird zuweilen angewendet.
Ein typisches Beispiel aus der Wärmelehre sei hier angeführt. Das Verhalten von Gasen und die dabei auftretenden Zustandsgrößen werden oft als Funktionen zweier Parameter wie Druck und Temperatur oder Druck und Volumen dargestellt etwa durch die Formeln :

$$
(1) \quad \begin{aligned} f_1(\xi, \eta, x) &= 0 \\ f_2(\xi, \eta, y) &= 0 \\ f_3(\xi, \eta, z) &= 0, \end{aligned}
$$

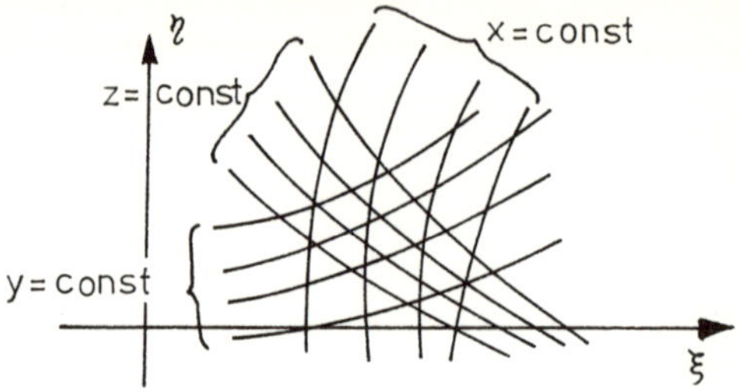

Figur 1.5

wobei es weniger auf die Parameter ξ und η ankommt. Es interessiert vielmehr der Zusammenhang zwischen den Zustandsgrößen x, y und z. Die numerische Elimination mag schwierig sein, graphisch kann man sich für konstante Werte von x, y und z die Kurvenscharen in einer $\xi\eta$-Ebene aufzeichnen. Solche Darstellungen nennt man Netztafeln. Zu gegebenen Werten x und y wird der Schnittpunkt der beiden zugehörigen Kurven in der $\xi\eta$-Ebene bestimmt und durch Interpolation festgestellt, welcher z-Wert in diesem Punkte vorliegt. Es bereitet keine Schwierigkeiten, sich einen groben Näherungswert für z zu verschaffen.

Will man etwas genauer arbeiten, so muß man auch den Schnittpunkt der x- und y-Kurven durch Interpolation genauer festlegen. Dazu ist es angenehm, wenn die Kurvenscharen aus Geraden bestehen, und noch günstiger, wenn die Geraden einer Kurvenschar sich jeweils in einem Punkte schneiden. Man kann dann durch eine projektive Abbildung der Ebene, bei der ja Geraden in Geraden abgebildet werden, dafür sorgen, daß die Schnittpunkte beider Geradenscharen im Unendlichen liegen und daß sich Geraden der x- und y-Scharen unter einem rechten Winkel schneiden. In diesem Falle ist man zu der Darstellung der Funktion z in einer xy-Ebene (Figur 1.6 a, b) zurückgekehrt.

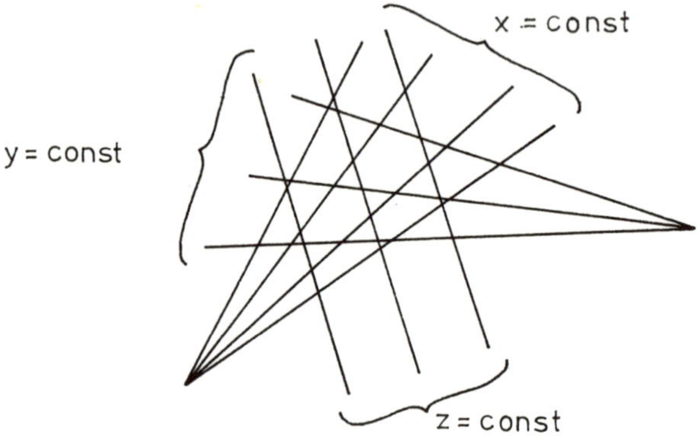

Figur 1.6 a

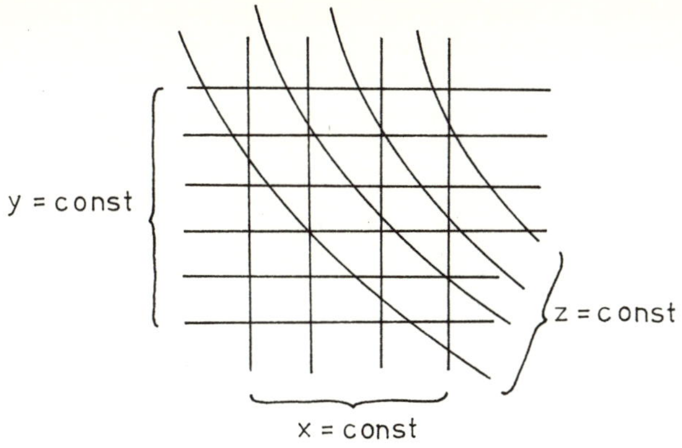

Figur 1.6 b

Diesen günstigen Fall kann man nur in Sonderfällen erwarten. Man muß vielmehr zufrieden sein, wenn man Geradenscharen bekommt. Sind die Höhenlinien von (1) geradlinig, so haben die dort angegebenen Funktionen die Form

$$\begin{aligned} &a_1(x)\xi + b_1(x)\eta + c_1(x)\cdot 1 = 0\\ (2)\quad &a_2(y)\xi + b_2(y)\eta + c_2(y)\cdot 1 = 0\\ &a_3(z)\xi + b_3(z)\eta + c_3(z)\cdot 1 = 0. \end{aligned}$$

Dies ist ein lineares Gleichungssystem zur Bestimmung von ξ und η. Es ist überbestimmt und besitzt nur dann eine Lösung, wenn die Determinante die Bedingung

$$(3)\quad \begin{vmatrix} a_1(x) & b_1(x) & c_1(x)\\ a_2(y) & b_2(y) & c_2(y)\\ a_3(z) & b_3(z) & c_3(z) \end{vmatrix} = 0$$

erfüllt. Man nennt (3) auch Schlüsselgleichung geradliniger Netze.

Dieser Sachverhalt läßt sich auch umkehren. Kann man nämlich einen zwischen den Größen x, y, z bestehenden Zusammenhang so beschreiben, daß er sich als Determinante der obigen Form auffassen läßt, so kann man mit Hilfe eines Netzes von drei Geradenscharen den Zusammenhang graphisch darstellen. Einen funktionalen Zusammenhang in eine solche Form zu bringen erfordert allerdings manchmal Umformungen, die eine gewisse Kunstfertigkeit voraussetzen. Nicht jeder funktionale Zusammenhang läßt sich in eine solche Form transformieren. Man ist deshalb ähnlich wie bei der Aufstellung von Formeln für die (elementare) Integration gezwungen, Tabellen solcher Funktionen anzulegen, die einer derartigen graphischen Behandlung zugänglich sind.

Auch bei geradlinigen Höhenlinien ist die Interpolation zur Bestimmung des Schnittpunktes zuweilen noch recht mühevoll. Es bietet sich aber in diesem Falle eine übersichtlichere Darstellung an, indem man aufgrund folgender geometrischer Überlegung von Netztafeln zu **Fluchtliniennomogrammen** übergeht. Man betrachte noch einmal die Formel (2). Bisher sind ξ und η als Koordinaten eines Punktes aufgefaßt worden. Für festes x vermittelt die erste Gleichung dann eine Gerade, auf der der Punkt (ξ, η) liegen muß.

Faßt man jedoch nach dem Dualitätsprinzip der projektiven Geometrie ξ und η als Richtungsfaktoren einer Geraden auf, so läßt sich die erste Gleichung von (2) folgendermaßen interpretieren. Der Punkt mit den Koordinaten

$$(4) \qquad u = f_1(x) = \frac{a_1(x)}{c_1(x)}, \qquad v = g_1(x) = \frac{b_1(x)}{c_1(x)}$$

liegt auf der Geraden

$$u \cdot \xi + v \cdot \eta = -1.$$

Bei festem x wird also ein Punkt der uv-Ebene spezifiziert, und jede Lösung (ξ, η) der ersten Gleichung von (2) – es gibt davon unendlich viele – bestimmt die Richtungsfaktoren einer Geraden, die durch diesen Punkt geht. Wenn man x variiert, durchläuft $(f_1(x), g_1(x))$ eine Kurve. Entsprechende Kurven $(f_2(y), g_2(y))$ und $(f_3(z), g_3(z))$ erhält man aus der zweiten und dritten Gleichung. Dem früheren Sachverhalt, daß die Höhenlinien für zusammengehörige x, y und z durch einen Punkt gehen und damit den funktionalen Zusammenhang wiedergeben, entspricht nun der, daß die Punkte zusammengehöriger x, y und z der x- bzw. y- und z-Kurve auf einer Geraden liegen; deren Richtungsfaktoren (ξ, η) bilden gerade die Lösung des Gleichungssystems (2). Man sagt auch, daß diese drei Punkte in einer Fluchtlinie liegen, und nennt die so entstandene Darstellung des Zusammenhanges zwischen x, y und z auch ein Fluchtliniennomogramm. Nur diese Art von Nomogrammen wird im folgenden näher betrachtet. Die darin auftretenden Kurven werden auch x-, y- und z-Leitern genannt.

Zu einem gegebenen Wertepaar x, y findet man den zugehörigen z-Wert im Fluchtliniennomogramm am Schnittpunkt der z-Kurve mit der durch x und y bestimmten Fluchtlinie. Analytisch ist dieser Zusammenhang durch die bekannte Drei-Punkte-Gleichung

$$(5) \qquad \frac{g_2(y) - g_1(x)}{f_2(y) - f_1(x)} = \frac{g_3(z) - g_1(x)}{f_3(z) - f_1(x)}$$

gegeben. Man nennt sie die Schlüsselgleichung des Fluchtliniennomogramms, sie ist mit (4) der Gleichung (3) äquivalent, sofern keiner der Nenner verschwindet.

Die Anfertigung eines Fluchtliniennomogramms lohnt sich für oft wiederkehrende Aufgaben, bei denen die Zeichengenauigkeit ausreicht. Die zeichnerische Genauigkeit kann man zwar durch Vergrößern eines Ausschnittes erhöhen, dadurch werden jedoch die in Frage kommenden Wertebereiche auf den Skalen eingeschränkt. Man bringt an den Leitern die Werte von x, y oder z an. Diese Größen werden in der Regel nicht lineare Funktionen der Kurvenlänge sein, sondern in einem komplizierten Zusammenhang mit der Bogenlänge stehen. Zur Vereinfachung der Beschreibung der x-, y- und z-Kurven führt man

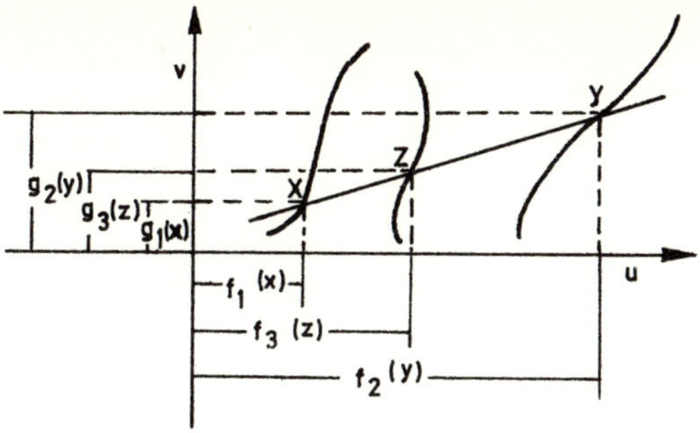

Figur 1.7

für die folgenden geometrischen Betrachtungen neue Variable X (x), Y (y) und Z (z) ein, wobei diese Beziehungen eindeutig sein müssen. Ferner versucht man, die z-Kurve nach Möglichkeit zwischen die x- und y-Kurve zu legen. Man will damit die Ablesegenauigkeit erhöhen, denn die Fluchtlinie wird durch zwei Punkte der x- und y-Kurve festgelegt und die Koordinaten der zwischen ihnen liegenden Punkte der Strecke sind genauer bestimmt als außerhalb liegende.

Ein besonders einfaches Beispiel für ein Fluchtliniennomogramm ist das N-Nomogramm.

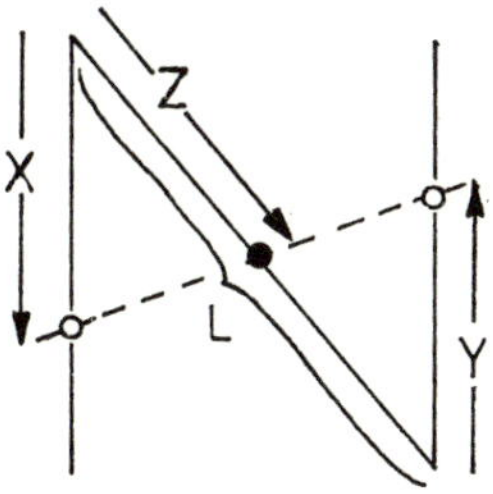

Figur 1.8

Es zeichnet sich dadurch aus, daß die x-, y-, z-Skalen auf Geraden mit der in der Figur 1.8 angegebenen Anordnung liegen. Aus dem Ähnlichkeitssatz folgt sofort das Bestehen der Gleichung

(6) $X(x) : Y(y) = Z(z) : (L - Z(z))$.

Setzt man

(7) $X = \varphi(x); \quad Y = 1/\psi(y); \quad Z = \dfrac{L \cdot \chi(z)}{1 + \chi(z)}$,

so erkennt man sofort, daß ein Zusammenhang der Form

(8) $\chi(z) = \varphi(x) \cdot \psi(y)$

mit Hilfe eines solchen geradlinigen Nomogramms dargestellt werden kann.

Beispiel: Es soll ein Nomogramm konstruiert werden, das es gestattet, graphisch die Lage relativer Extrema zu bestimmen, wenn eine Kurve an äquidistanten Stellen gegeben ist. Wir haben also zu zeigen, daß dieses Problem mit Hilfe von Formeln beschrieben werden kann, die der Gleichung (8) entsprechen.

Gleichzeitig soll dieses Beispiel zeigen, wie in der praktischen Mathematik nicht nur numerische Rechnungen durchgeführt werden, sondern wie auch darüber Rechenschaft zu geben ist, welche Voraussetzungen und Vereinfachungen gemacht werden.

Empirisch gehen wir etwa von folgendem aus: Es seien für äquidistante Werte x_i einer unabhängigen Variablen Funktionswerte f_i gemessen worden oder als Tabelle gegeben. Diese Funktion soll relative Maxima und Minima besitzen. Es geht darum, die Lage solcher Extrema genauer zu bestimmen, als sie durch die diskreten Werte selbst gegeben ist. Wir machen die Annahme, daß die Funktion glatt ist und in der Umgebung eines Extremums hinreichend gut durch eine Parabel zweiten Grades ersetzt werden kann, die durch drei benachbarte diskrete Punkte der Kurve geht. Hinreichend genau heißt, daß wir die Extremstelle der Parabel als Extremstelle der Kurve anerkennen wollen. Die Parabel hängt dann zunächst von den drei Werten der unabhängigen Variablen, sie seien mit x_0, x_1, x_2 bezeichnet, sowie den zugehörigen Funktionswerten f_0, f_1, f_2 ab.

Es folgen nun weitere Vereinfachungen, die die Anzahl dieser sechs unabhängigen Größen auf zwei wesentliche reduzieren soll. Die Lage des Extremums interessiert nur relativ zu den drei x-Werten. Man darf deshalb (nach einer linearen Transformation) voraussetzen, daß die Werte x_0, x_1, x_2 gerade -1, 0, 1 sind. Außerdem soll es sich bei der Extremstelle um ein relatives Minimum handeln (sonst würde man die Vorzeichen von f_0, f_1, f_2 einfach umkehren), so daß etwa $f_0 - f_1$ und $f_2 - f_1$ positiv sind. Der Grenzfall, daß $f_0 = f_1$ oder $f_2 = f_1$ ist, ergibt sich auch aus dem entstehenden Nomogramm, soll aber hier zunächst ausgeschlossen werden. Da man eine Subtraktion leicht im Kopf ausführen kann, genügt es, wenn man die Funktionswerte um f_1 verschiebt,

$$y_- = f_0 - f_1 \quad \text{in} \quad x_0 = -1 \quad \text{und}$$
$$y_+ = f_2 - f_1 \quad \text{in} \quad x_2 = +1$$

betrachtet und als Variable im Nomogramm verwendet. Weiterhin ist die Lage des Extremums unabhängig von der Skalierung der y-Werte, denn sie wird nur vom Verhältnis dieser Werte zueinander bestimmt. Man darf deshalb o. E. d. A. y_- und $y_+ \in (0, 10)$ annehmen.

Um die Lage des relativen Extremums x_{extr}, d. h. die Differenz Δx zwischen Minimum x_{extr} und $x_1 = 0$, festzustellen, wird zunächst die Interpolationsparabel aufgestellt. Man verifiziert durch Einsetzen der Werte $x = 0$, -1 und $+1$, daß

$$y(x) := y_- \cdot \frac{x(x-1)}{2} + y_+ \cdot \frac{x(x+1)}{2}$$

die gewünschte Interpolation zweiten Grades liefert, und man erhält durch Differenzieren dieses Ausdruckes

$$2 \cdot y'(x) = y_- \cdot (2x-1) + y_+ \cdot (2x+1).$$

Die Nullstelle dieses Ausdrucks bestimmt die Lage des Extremums

$$x_{extr} = \frac{y_- - y_+}{2(y_- + y_+)}.$$

Man sieht, daß das Resultat x_{extr} nur vom Quotienten y_+/y_- abhängt. Es ist

$$y_+/y_- = \frac{1-2x_{extr}}{1+2x_{extr}}$$

und dies ist genau ein Zusammenhang der Form (8) mit

$$\varphi(y_+) = y_+$$

$$\psi(y_-) = \frac{1}{y_-}$$

$$\chi(x_{extr}) = \frac{1-2x_{extr}}{1+2x_{extr}}.$$

Dieser Zusammenhang erlaubt eine Darstellung durch ein N-Nomogramm, dabei sind nun die Skalen gemäß der Formel (7) zu berechnen. Man bekommt also

$$X = y_+$$

$$Y = y_-$$

$$Z = \frac{L \cdot \chi}{1+\chi} = L\left(\frac{1}{2} - x_{extr}\right).$$

Ohne E. d. A. kann $L = 1$ gesetzt werden. Die Realisierung zeigt das beigefügte Schema, auf dem auf zwei parallelen Leitern links von oben nach unten y_-, rechts von unten nach oben y_+ aufgetragen ist. Die beiden Punkte $y_- = 0$ und $y_+ = 0$ sind durch eine Diagonale verbunden. Wir nehmen an, daß die Länge dieser Diagonale als Einheit verwendet wird. Auf dieser Diagonalen ist gemäß Figur 1.8 von links oben nach rechts unten die Z-Skala aufzutragen. $x_{extr} = 0$ entspricht dann dem Mittelpunkt dieser Diagonalen, und $x_{extr} = +\frac{1}{2}$ oder $-\frac{1}{2}$ liefert die beiden Endpunkte.

Man kann sich in dieser Zeichnung sehr gut anschaulich machen, wie alle Geraden durch Punkte der y_-- und y_+-Achse, für die das Verhältnis $y_+ : y_-$ einen festen Wert hat, durch einen festen Punkt der Diagonalen laufen.

Bemerkung: Die Skaleneinteilung eines Nomogramms oder Rechenschiebers soll so genau sein, daß man linear interpolieren kann, d. h., wir haben – wie bei den Tafelwerken (vgl. Abschnitt 4) die Schrittweite – hier den Abstand der Striche so eng zu wählen, daß der durch die quadratischen Fehler entstehende Betrag unterhalb unserer Schätzungsgenauigkeit liegt. Man rechnet leicht nach, daß dies beispielsweise bei den normalen Rechenschiebern der Fall ist. Es ist weiterhin eine Frage der Bequemlichkeit, wie man die Einteilung wählt.

Man wird natürlich versuchen, Teilstriche bei Vielfachen einer geeigneten Zehnerpotenz zu machen.

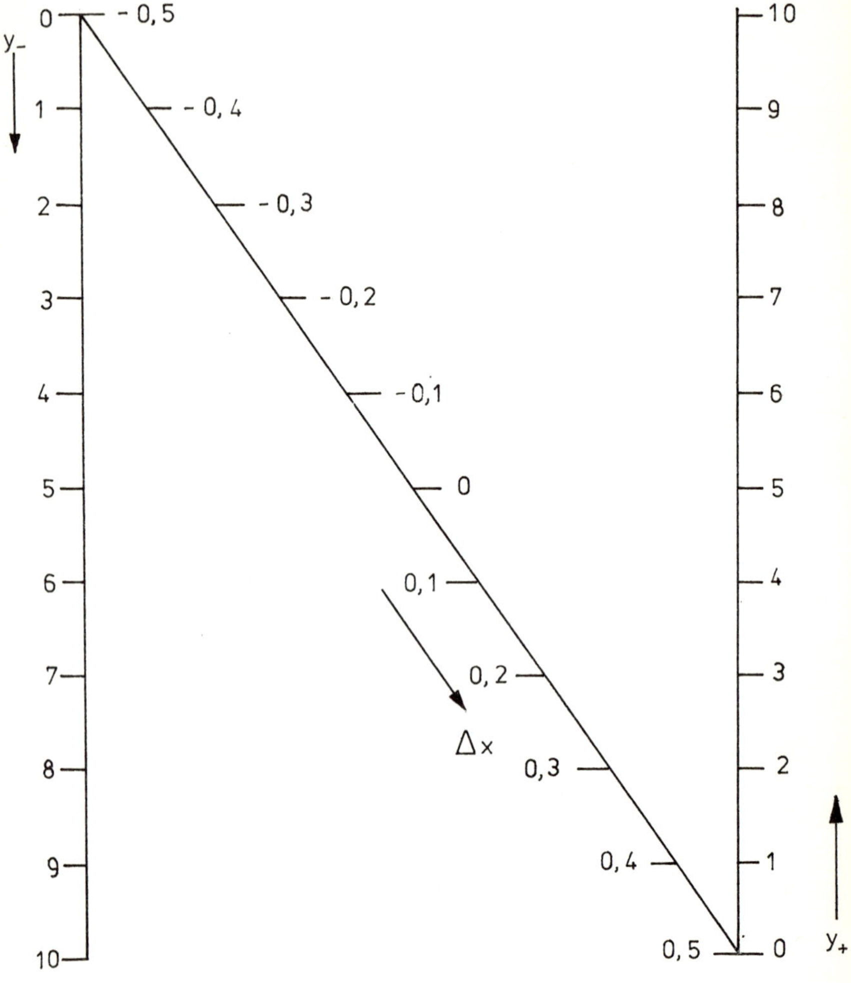

N-Nomogramm zur Lage des Extremums einer Parabel durch die Punkte $(-1, y_-)$, $(0, 0)$, $(+1, y_+)$.

Zusammenstellung einiger Nomogrammtypen

Um die Nomogramme zu ordnen, hat man zwei Begriffe eingeführt.

Definition: *Die Gattung eines Nomogramms ist die Anzahl seiner krummlinigen Leitern.*

Die Ordnung eines Nomogramms ist gleich der Anzahl der in der Schlüsselgleichung (5) auftretenden Funktionen (ggfs. nach Vereinfachung).

Das allgemeinste, oben gezeichnete Nomogramm (Figur 1.7) hat offenbar die Gattung 3 und die Ordnung 6. Das N-Nomogramm hingegen enthält nur geradlinige Leitern, ist also von nullter Gattung, die Schlüsselgleichung (6) enthält drei beliebige „Funktionen" φ, ψ, χ, die Ordnung ist also 3.

Nomogramme nullter Gattung

Das N-Nomogramm ist dadurch ausgezeichnet, daß die drei Leitern für die x-, y- und z-Variable nicht durch einen Punkt gehen. In dem obigen Beispiel liegt außerdem einer der Schnittpunkte im Unendlichen. Würde man ihn durch eine projektive Abbildung ins Endliche ziehen, so käme man zu der (äquivalenten) Darstellung des funktionalen Zusammenhangs (8), die durch Figur 1.9 wiedergegeben wird.

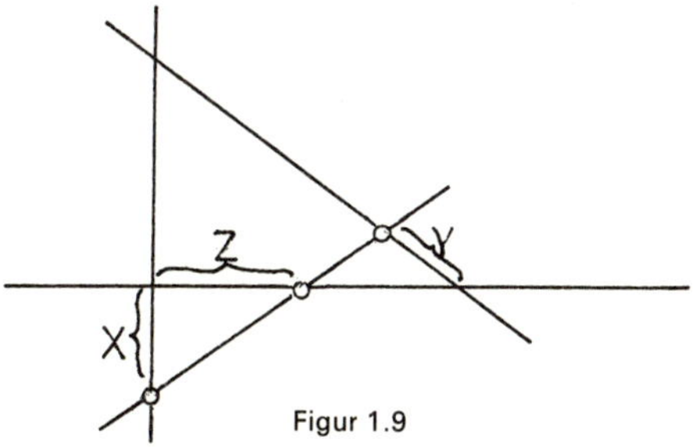

Figur 1.9

Ein anderes Nomogramm nullter Gattung besteht aus drei Geraden, die sich in einem Punkt schneiden. Liegt dieser Punkt im Unendlichen, so sind die drei Geraden parallel, d. h., man bekommt Figur 1.10.

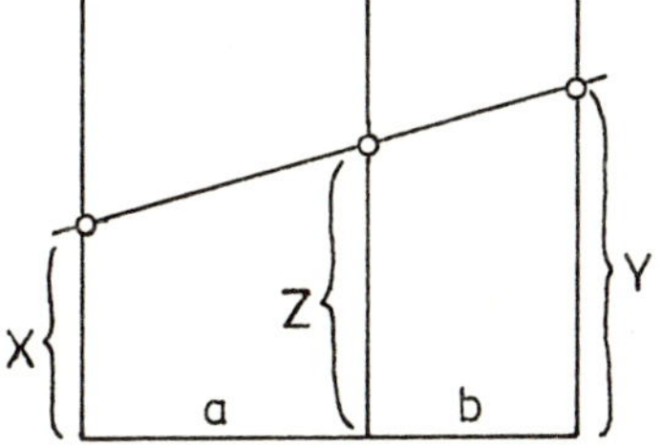

Figur 1.10

Mit Hilfe der Gleichung für die Schnittgeraden kann man unmittelbar die Relation

$$\frac{Y - X}{a + b} = \frac{Z - X}{a}$$

ablesen, die sich umschreiben läßt zu

$$Z = X \frac{b}{a + b} + Y \frac{a}{a + b},$$

d. h., man hat die Möglichkeit, einen funktionalen Zusammenhang der Form

(9) $\quad \chi(z) = \varphi(x) + \psi(y)$

zu nomografieren.

Die Ordnung ist wie beim N-Nomogramm gleich 3. Übrigens sind die beiden Darstellungen (8) und (9) nicht so sehr verschieden, wie man auf den ersten Blick meinen wird, denn durch Logarithmieren kann man vom Produkt der beiden Funktionen zur Summe zweier anderer Funktionen von x und y übergehen.

Nomogramme erster Gattung

haben nach geeigneter Umbenennung der Variablen die Gestalt von Figur 1.11.

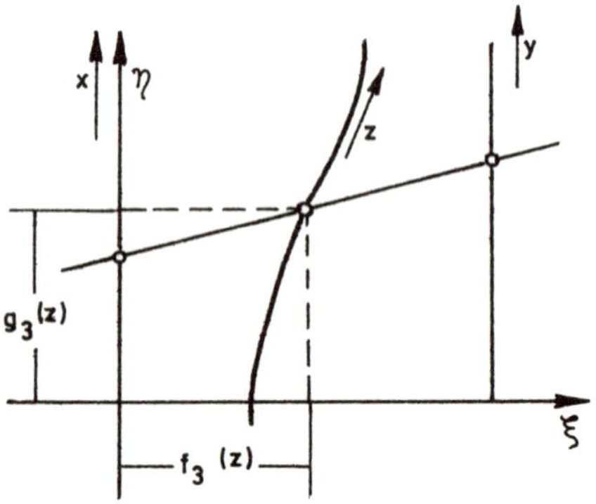

Figur 1.11

Man leitet in diesem Falle leicht her, daß dieses Nomogramm Relationen der Form

(10) $\quad \varphi(x) \cdot \chi_1(z) + \psi(y) + \chi_2(z) = 0$

wiederzugeben gestattet, es ist also von vierter Ordnung.

Nomogramme zweiter Gattung

besitzen zwei krummlinige Leitern:

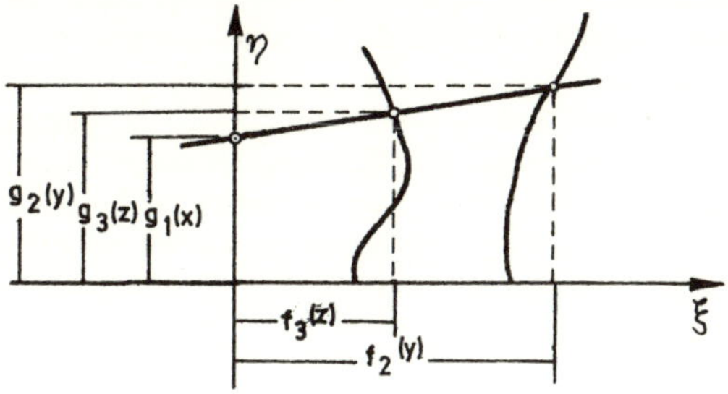

Figur 1.12

In diesem Falle erhält man einen Zusammenhang der Gestalt

$$(11)\quad \varphi(x) = \frac{\psi_1(y) - \chi_1(z)}{\psi_2(y) - \chi_2(z)},$$

das Nomogramm hat also die Ordnung 5.

Es kann hier natürlich nicht auf die Vielzahl der Variationsmöglichkeiten bei den Nomogrammen eingegangen werden. Angemerkt sei nur noch, daß ein Nomogramm der zweiten Gattung im Spezialfall auch die Ordnung 3 haben kann. Man betrachte etwa eine Parabel,

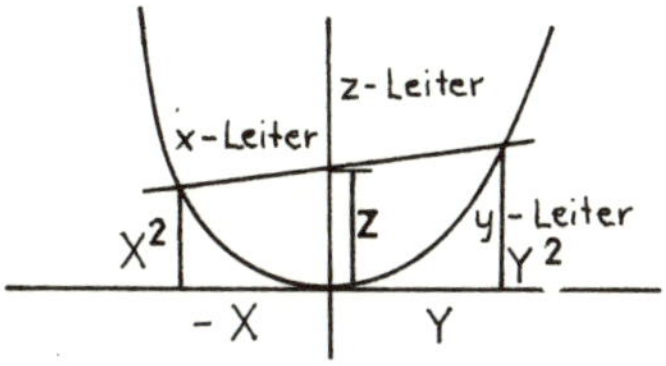

Figur 1.13

bei der der eine Ast als x-Skala, der andere als y-Skala verwendet wird, während eine in der Parabel verlaufende Gerade als z-Skala dient (Figur 1.13). Man findet dann den bereits vom N-Nomogramm her bekannten Zusammenhang.

$$\varphi(x) = \psi(y) \cdot \chi(z)$$

Ob man zur Darstellung dieses Zusammenhangs ein N-Nomogramm oder ein solches Parabel-Nomogramm verwendet, wird jeweils davon abhängen, wie die Funktionen sich in den entsprechenden Skalen darstellen lassen, also von der jeweiligen Anwendung.

4. Tafelwerke

Dieses Hilfsmittel ist von der Schule her bekannt, ebenso die Art und Weise seiner Verwendung. Häufig verwendete Funktionen liegen in derartigen Wertetabellen vor. Über sie gibt es in der Literatur umfangreiche Verzeichnisse, „Tabellen der Tabellen".

Bei der Verwendung von Tafelwerken ist die Frage nach der Genauigkeit für uns einer näheren Betrachtung wert. Die Standardwerke sind so angelegt, daß man zur Berechnung der Funktion f an Zwischenstellen der Tabelle durch lineare Interpolation im Rahmen der Tabellengenauigkeit bleibt; ist z ein Punkt zwischen zwei benachbarten Tabellenwerten x_i, x_{i+1}, so wird f (z) näherungsweise gleich

$$f(x_i) + \frac{z - x_i}{x_{i+1} - x_i} \left(f(x_{i+1}) - f(x_i)\right)$$

gesetzt.

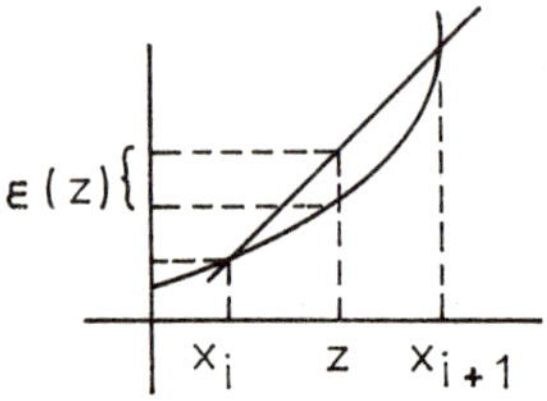

Figur 1.14

Unter der Voraussetzung, daß die Funktion zweimal stetig differenzierbar ist, läßt sich der Fehler abschätzen. (Vgl. Band II). Zunächst ist, wie auch Figur 1.14 motiviert,

$$\varepsilon(z) = \frac{1}{2}(x_i - z)(x_{i+1} - z) \cdot f''(\xi)$$

mit einem $\xi \in [x_i, x_{i+1}]$. Da ξ unbekannt ist, schätzt man den Fehler ab durch

$$|\varepsilon(z)| \leq \frac{1}{2} |(x_i - z)(x_{i+1} - z)| \max_{\xi \in I} |f''(\xi)|,$$

wobei man für I ein möglichst kleines $[x_i, x_{i+1}]$ enthaltendes Intervall wählt, in dem sich der Wert von $|f''|$ abschätzen läßt.

Die vorstehende Frage nach dem Fehler kann auch umgekehrt werden: Wie klein muß die Schrittweite h der Argumentwerte in der Tabelle gewählt werden, damit der Fehler bei linearer Interpolation unterhalb einer vorgegebenen Toleranz bleibt? Fordert man z. B. eine Tabellierung der trigonometrischen Funktion sin x mit 4-stelliger Genauigkeit, d. h., daß der Fehler betragsmäßig unter $\frac{1}{2} \cdot 10^{-4}$ bleiben soll, so bedeutet diese Forderung wegen $|\sin''(x)| \leq 1$, daß

$$\frac{1}{2} |(x_i - x)(x_{i+1} - x)| \leq \frac{1}{2} 10^{-4}$$

gilt. Der Ausdruck $(x_i - x)(x_{i+1} - x)$ beschreibt eine Parabel durch die

Punkte x_i und x_{i+1}. Die Extremalstelle liegt bekanntlich in der Mitte des Intervalls, dort hat die Parabel den Wert $-\frac{1}{4}h^2$ mit $h = x_{i+1} - x_i$. Also gilt

$$\frac{1}{2}\,|(x_i - x)(x_{i+1} - x)| \leq \frac{1}{8}h^2 \quad \text{in } [x_i, x_{i+1}].$$

Die obige Forderung ist mithin erfüllt, wenn $h = 2 \cdot 10^{-2}$ gewählt wird.
Bei seltener gebrauchten Funktionen sind die Tabellen zur Reduzierung des Tabellenumfangs so angelegt, daß man nicht mehr mit einer linearen Interpolation auskommt, sondern zur Einhaltung der Fehlertoleranz genauere Interpolationsverfahren (vgl. Band II) anwenden muß. In der Tabelle ist dann vermerkt, welche Methode – z. B. quadratische Interpolation – man zu benutzen hat. Oft sind dafür benötigte Hilfsgrößen ebenfalls in die Tabelle aufgenommen.

5. Digitale elektronische Rechenanlagen

Bei den digitalen elektronischen Rechenanlagen werden folgende Effekte als Arbeitsprinzipien benutzt:

a) Jede Information (z. B. Ziffern, Buchstaben, Wörter, Sätze) läßt sich darstellen als Folge von zwei verschiedenen elektrischen oder magnetischen Zuständen; die einzelnen Informationsstellen einer solchen Folge nennt man auch Bits.

b) Die Operationen mit den Bits lassen sich elektronisch realisieren.

Betrachten wir zunächst als einfachsten Fall die Darstellung von ganzen Zahlen.
Für die zwei sich ausschließenden Werte eines Bits seien die Zeichen 0 und 1 gewählt, sie können in der physikalischen Bedeutung „geladen" bzw. „ungeladen", zwei einander entgegengesetzte Magnetisierungen oder „stromdurchlässig" bzw. „nicht durchlässig" bedeuten und durch elektrische Impulse erzeugt werden; sie kennzeichnen jeweils zwei sich gegenseitig ausschließende Zustände. Der Vorteil dieser elektrischen Techniken liegt darin, daß die erzeugten Zustände ohne Schaden rückgängig gemacht und durch andere ersetzt werden können. Mißt man den Zeichen 0, 1 ihre zahlenmäßige Bedeutung bei und beachtet, daß sich jede ganze Zahl x als Dualzahl, d. h. als Summe von Zweierpotenzen, schreiben läßt

$$x = \pm \sum_{i=0}^{n-2} a_i \cdot 2^i, \qquad a_i \in \{0, 1\},$$

so ist die Möglichkeit der Darstellung dieser Zahlen als Folge von n Bits offensichtlich. In der Regel ist für eine Rechenanlage ein wohldefiniertes n als obere Stellengrenze festgelegt. Für die Angabe des Vorzeichens kann das führende Bit vereinbart werden, also etwa 0 für „+" und 1 für „–". Mit einer Kette von n Bits sind dann alle ganzen Zahlen darstellbar, die dem Betrage nach kleiner als 2^{n-1} sind. Jeder solchen Zahl x läßt sich in einem Speicher, z. B. Magnetband, eindeutig eine wohldefinierte Anzahl von Bitträgerstellen a_v, a_{n-2}, a_{n-3},

. . . , a_1, a_0 zuordnen, a_v für das Vorzeichen. Es ist klar, wie in diesem System die Grundrechnungsarten ablaufen. Addition und Multiplikation einstelliger Zahlen erfolgen nach dem Schema

+	0	1
0	0	1
1	1	10

·	0	1
0	0	0
1	0	1

und bei zusammengesetzten Zahlen ist dieses Schema stellenweise anzuwenden unter Berücksichtigung des Übertrags bei der Addition.

Die Darstellung anderer Zeichen als Zahlen, etwa Buchstaben, ist genauso möglich, man muß nur entsprechende Konventionen treffen (einen Code einführen), etwa indem man vereinbart, daß stets eine Folge von m Stellen ein Zeichen liefern und durch eine zusätzliche führende Stelle angeben läßt, daß es sich bei „1" um ein allgemeines Zeichen und bei „0" um eine Zahl handelt. So sind das ganze Alphabet und alle Sonderzeichen zu verschlüsseln, $m = 8$ liefert dafür schon $2^8 = 256$ Möglichkeiten.

Wie sind nun die Operationen mit derartig dargestellten Informationen zu realisieren? Die Verarbeitung von Daten in einer Rechenanlage läßt sich auf die Vorgänge Zeichenvergleich und Zeichenübertragung zurückführen. Die einfachsten damit verbundenen Operationen, aus denen alle übrigen aufgebaut sind, sind die Operationen einer Booleschen Algebra wie Konjunktion $\vee$, Disjunktion $\wedge$ und Negation $\neg$; sie entsprechen den mengentheoretischen Begriffen Vereinigung, Durchschnitt und Komplement. Die beiden erstgenannten sind Operationen mit zwei Argumenten, die Komplementbildung eine Operation mit einem Argument. Sie wirken auf Boolesche Variable, das sind solche, die nur den Wertevorrat „wahr" und „falsch" – hier symbolisiert durch 1 und 0 – haben, nach folgenden Schemata

$\vee$	0	1
0	0	1
1	1	1

$\wedge$	0	1
0	0	0
1	0	1

$\neg$	
0	1
1	0

und sind als Funktionen durch diese Wertetabellen beschrieben.

Diese Funktionen lassen sich wie folgt durch elektrische Schaltungen realisieren. Bei den Schaltungen werden u. a. Dioden benötigt, die den Strom nur in einer Richtung durchlassen; man verwendet hierfür das Symbol —▶|—, dessen Pfeil die Richtung des positiven Stromes angibt.

Vereinbart man, daß die 1 dargestellt wird durch eine Spannung von 100 Volt, so bildet

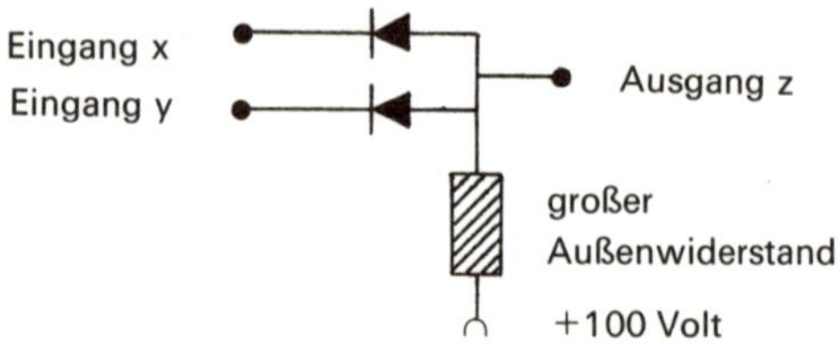

eine Schaltung für die Disjunktion $z = x \wedge y$. Das Schaltungssymbol ist  . Liegt an wenigstens einem Eingang die Spannung 0, so tritt fast der gesamte Spannungsabfall am Außenwiderstand auf, deshalb hat man in z praktisch die Spannung 0. Sind hingegen beide Eingänge auf +100 V geschaltet, so liegt auch an z die Spannung 100 V.

Entsprechend liefert

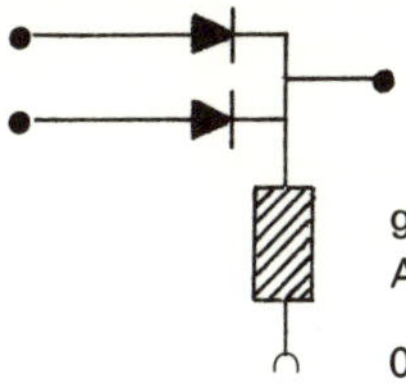

eine Oder-Schaltung für die Konjunktion $z = x \vee y$, sie wird durch 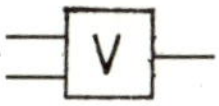 symbolisiert.

Eine mögliche Schaltung für die Negation $z = \neg x$ läßt sich mit Hilfe einer Röhre bilden.

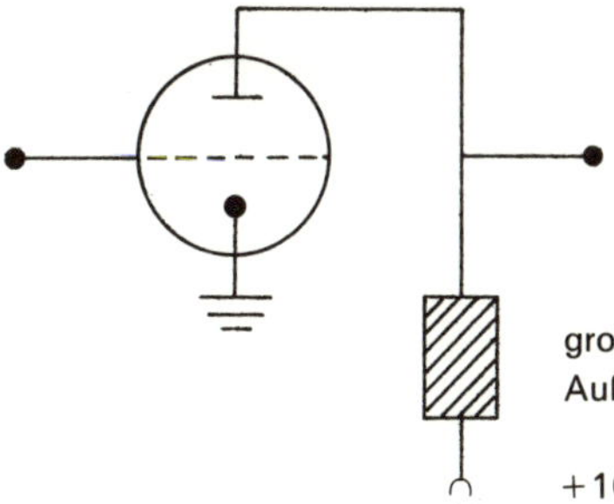

Das Schaltungssymbol ist 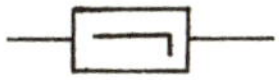 .

Mit den angegebenen Operationen $\wedge$, $\vee$ und $\neg$ lassen sich alle Boole'schen Funktionen darstellen. Als solche kann man aber jede arithmetische Operation und jede Manipulation an Informationen beschreiben. Im Gegensatz zur Analysis, wo eine Variable in der Regel unendlich viele Werte annehmen kann, hat man es hier mit Variablen zu tun, die nur zwei Werte (etwa 0 oder 1) besitzen können. Will man dementsprechend eine Funktion von n Variablen beschreiben, so genügt es, daß man für die 2^n möglichen n-Tupel die zugeordneten Funktionswerte angibt. Da man auf jeder Stelle noch einmal zwei verschiedene Möglichkeiten hat, so gibt es also 2^{n+1} Funktionen von n unabhängigen Boole'schen Veränderlichen, wie man sich leicht induktiv klarmachen kann. Insbesondere gibt es offensichtlich zu einer Variablen gerade vier Funktionen, die man tabellarisch leicht angeben kann:

x	$f_1(x)$	$f_2(x)$	$f_3(x)$	$f_4(x)$
0	0	0	1	1
1	0	1	0	1

Allgemein kann man also auch für eine Funktion von n Boole'schen Variablen die Funktion beschreiben, indem man ihre Funktionswerte für alle Argumentwerte tabelliert. Man kann auf diese Weise auch zwei Funktionen miteinander vergleichen und feststellen, ob sie identisch sind oder nicht.

Es läßt sich ferner verifizieren, daß die Konjunktion noch ersetzt werden kann mit Hilfe der Negation und Disjunktion. Es gilt nämlich

(12) $x \wedge y = \neg\,((\neg x) \vee (\neg y))$,

(vgl. Aufgaben).

Im folgenden werden wir uns jedoch die Arbeit dadurch erleichtern, daß wir wie vorher alle drei Operationen benutzen. Wie oben behauptet gilt der

Satz 1: *Jede Boole'sche Funktion kann man mit Hilfe der Operationen* $\neg$, $\vee$ *(sowie* $\wedge$*) darstellen.*

Wir deuten den Beweis nur für $n = 2$ an. Der Leser kann versuchen, den Beweis auf $n = 3$ zu übertragen, und sieht dann leicht, wie man den allgemeinen Fall behandeln würde.

Eine beliebige Funktion von zwei Boole'schen Variablen x und y kann man durch eine Tabelle der Form

(13)

x \ y	0	1
0	f_{00}	f_{01}
1	f_{10}	f_{11}

beschreiben, wobei die f_{ik} Boole'sche Werte sind. Man konstruiert zunächst vier spezielle Funktionen, bei denen jeweils nur an einer Stelle der Tabelle der Wert 1 und sonst der Wert 0 steht. Gelöst wird diese Aufgabe durch die folgenden vier Funktionen

(14) $v_{00}(x, y) = (\neg x) \wedge (\neg y)$
$v_{01}(x, y) = (\neg x) \wedge y$
$v_{10}(x, y) = x \wedge (\neg y)$
$v_{11}(x, y) = x \wedge y$,

wie wir dem Leser durch eine Tabelle zu verifizieren empfehlen. Eine beliebige Funktion f, gegeben durch die Tabelle (3), kann man dann darstellen durch

(15) $f(x, y) = (f_{00} \wedge v_{00}(x, y)) \vee (f_{01} \wedge v_{01}(x, y)) \vee (f_{10} \wedge v_{10}(x, y)) \vee (f_{11} \wedge v_{11}(x, y)$,

was zu zeigen war.

Wenn man die übliche Konvention „Punktrechnung vor Strichrechnung" in dem Sinne überträgt, daß „und" höhere Priorität hat als „oder", dann könnte man die Klammern auch noch weglassen.

Beispiele: 1) Die Addition zweier einstelliger Dualzahlen. Diese Funktion führt auf ein zweistelliges Ergebnis und wird durch die Tabelle

x \ y	0	1
0	00	01
1	01	10

wiedergegeben.

Wir schreiben $x + y = z$, $z = z_1 \cdot 2^1 + z_0 \cdot 2^0$, müssen also zwei Boole'sche Funktionen angeben, die die Werte z_1 und z_0 bestimmen. Die Funktion z_1 wird gegeben durch

$$z_1 = v_{11}(x, y),$$

denn es soll ja nur dann der Wert 1, ein Übertrag, entstehen, wenn x und y den Wert 1 haben.

z_0 muß gerade dann den Wert 1 besitzen, wenn genau eine der beiden Zahlen x und y gleich 0 und die andere 1 ist. Dementsprechend hat man in der obigen Formel (15) $f_{ik} = 0$ für $i = k$ und $f_{ik} = 1$ für $i \neq k$ zu wählen. Wegen

$$f_{ik} \wedge v_{ik} = \begin{cases} v_{ik} & \text{für } f_{ik} = 1 \\ 0 & \text{für } f_{ik} = 0, \end{cases}$$

vereinfacht sich (15) in diesem speziellen Fall zu

$$z_0 = v_{01}(x, y) \vee v_{10}(x, y).$$

Man kann zeigen (vgl. Aufgaben), daß man z_0 auch in der Form

$$z_0 = \neg\,(v_{00}(x, y) \wedge v_{11}(x, y))$$

schreiben kann. Diese zweite Form hat den Vorteil, daß man die bereits bei der Berechnung von z_1 verwendete Funktion v_{11} wieder benutzen kann, so daß nur eine Funktion neu zu berechnen ist und die Realisierung durch eine Schaltung sparsamer ausfallen kann als für die zuerst genannte Form.

2) Es soll das Minimum zweier zweistelliger Dualzahlen bestimmt werden, $u = \min(x, y)$, d. h., es soll u_1 und u_0 ermittelt werden aus

$$u_1 \cdot 2^1 + u_0 \cdot 2^0 = \min(x_1 \cdot 2^1 + x_0 \cdot 2^0,\ y_1 \cdot 2^1 + y_0 \cdot 2^0).$$

Es ist klar, daß u_1 nur dann 1 sein wird, wenn beide Zahlen x_1 und y_1 den Wert 1 haben, d. h., es gilt

$$u_1 = x_1 \wedge y_1 = v_{11}(x_1, y_1).$$

Zur Berechnung von u_0 muß man einige Fallunterscheidungen treffen

$$u_0 = \begin{cases} x_0 \wedge y_0 & \text{falls } x_1 = y_1 \\ x_0 & \text{falls } x_1 = 0,\ y_1 = 1 \\ y_0 & \text{falls } x_1 = 1,\ y_1 = 0 \text{ gilt.} \end{cases}$$

Diese Fallunterscheidungen kann man nun zusammenfassen in der einen Formel

$$u_0 = ((x_0 \wedge y_0) \wedge (v_{11} \vee v_{00})) \vee (x_0 \wedge v_{01}) \vee (y_0 \wedge v_{10}),$$

in der die Argumente der auftretenden Funktion v_{ik} jeweils x_1 und y_1 sind.

Aufbau eines elektronischen Digital-Rechners

In einem elektronischen Rechner sind häufig vorkommende Boole'sche Operationen mit Hilfe von Bauelementen fest „verdrahtet" worden, wie man sagt, während die nicht so häufig auftretenden verschiedenen und sehr vielfältigen Rechenvorgänge aus diesen mit Hilfe von Programmen aufgebaut werden. Ein Programm ist eine Folge von Anweisungen, die der Benutzer der zu erledigenden Aufgabe entsprechend zusammenstellt.

Grob skizziert besteht eine elektronische Rechenanlage, wie sie heute gebräuchlich ist, aus folgenden Teilen:

1) Ein- und Ausgabe-Geräte: In der Regel sind das Kartenleser und -stanzer, Lochstreifenleser und -stanzer, ferner Schnelldrucker, die pro Minute bis zu 2000 Zeilen mit ca. 130 Zeichen schreiben, und Mikrofilmgeräte noch höherer Ausgabegeschwindigkeit.

2) Speicher: Das sind physikalische Geräte, die aus einer Vielzahl von Speicherstellen bestehen, welche auf magnetischem oder elektrischem Wege die zwei verschiedenen, den Bits entsprechende Zustände annehmen können. Sie dienen dazu, Informationen während der Rechnung aufzubewahren, z. B. auch das Programm, das ausgeführt werden soll. Hierzu zählen Ferritkernspeicher, Magnetplatten und -bänder.

3) Rechenwerk: Es enthält umfangreiche, fest verdrahtete Schaltungen für die arithmetischen und eine Reihe anderer Grund-Operationen, die an Zahlen oder allgemeineren Daten durchgeführt werden, so wie es das Programm vorschreibt.

4) Steuerwerk: Es interpretiert das gespeicherte Programm und veranlaßt, daß die Aktionen, die das Programm wünscht, durchgeführt werden.

Ein Programm enthält neben den arithmetischen Befehlen vor allem solche, die der Speicherung dienen (sie bewirken, daß Zahlen von außen in die Maschine eingelesen und auf einem der angegebenen Medien ggfs. auch wieder ausgedruckt werden), sowie Sprung- und Verzweigungsbefehle. Es ist hier nicht der Platz, näher auf diese Dinge einzugehen, an einem einfachen Beispiel sei nur noch der Unterschied zwischen verschiedenen Möglichkeiten der Programmierung skizziert.

Beispiel: Es sei der Mittelwert von n Zahlen $a_1, \ldots, a_n$ zu berechnen.

a) Bezeichnet $\langle m \rangle$ den Inhalt eines Speicherplatzes mit der Nr. m, das Zeichen $\rightarrow$ den Speichervorgang, „lies" das Hereinbringen einer Zahl in die Rechenanlage und schließlich Erg den Inhalt des Ergebnisspeichers im Rechenwerk, so könnte für $n = 3$ der Arbeitsvorgang in folgender Weise symbolisch dargestellt werden.

1	$3 \rightarrow \langle 1 \rangle$	
2	$0 \rightarrow \text{Erg}$	
3	lies a_1	$\rightarrow \langle 2 \rangle$
4	$\langle 2 \rangle + \text{Erg}$	$\rightarrow \text{Erg}$
5	lies a_2	$\rightarrow \langle 2 \rangle$

6 ⟨2⟩ + Erg → Erg
7 lies a_3 → ⟨2⟩
8 ⟨2⟩ + Erg → Erg
9 Erg/⟨1⟩ → Erg
10 drucke Erg

Jede Anweisung ist dann in die Maschinensprache umzukodieren.

b) Dieses Programm ist für eine große Zahl n äußerst aufwendig. Man kann es aber auch so gestalten, daß es für beliebiges, vorher nicht bekanntes n verwendet werden kann, die nebenstehende Skizze zeigt das zugehörige, sogenannte Ablaufdiagramm.

1 lies n → ⟨1⟩
2 1 → ⟨4⟩
3 0 → ⟨3⟩
4 ⟨3⟩ → Erg
5 lies $a_{⟨4⟩}$ → ⟨2⟩
6 ⟨2⟩ + Erg → Erg
7 Erg → ⟨3⟩
8 ⟨4⟩ → Erg
9 Erg + 1 → Erg
10 Erg → ⟨4⟩
11 Erg > ⟨1⟩? wenn nein, Wiederholung des Programms ab Befehl 4
12 ⟨3⟩ → Erg
13 Erg/⟨1⟩ → Erg
14 drucke Erg

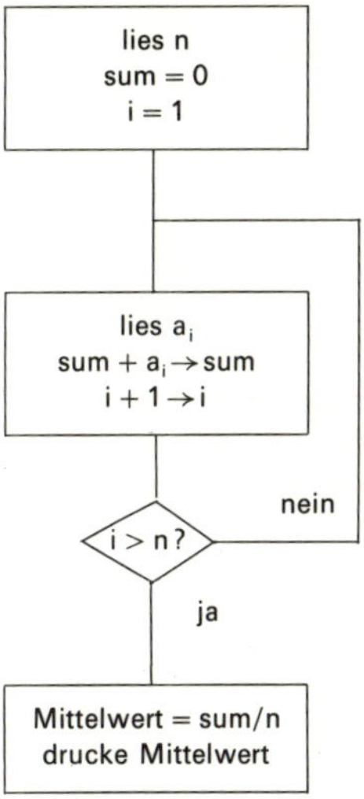

c) Meist werden jedoch zum Programmieren ‚Hochsprachen' wie ALGOL, COBOL, FORTRAN oder PL/I verwendet. In ALGOL würde das vorstehende Programm etwa folgendermaßen aussehen:

```
read n;
s = 0;
for i = 1 step 1 until n do
    (read a;
     s = s + a;)
m = s/n;
write m;
end;
```

Ein derartiges in einer problemorientierten, maschinenunabhängigen Sprache formuliertes Programm kann die Rechenanlage nur dann bearbeiten, wenn es zuvor in die Maschinensprache übersetzt worden ist. Diese Übersetzung besorgt, falls vorhanden, ein Compiler, d.i. ein Übersetzungsprogramm, das zur sog. Software der Rechenanlage gehört; darunter versteht man die Gesamtheit aller Hilfs- und Betriebsprogramme, die die Anlage erst zu einem Automaten machen. Demgegenüber bezeichnet man als Hardware die physikalisch-technische Einrichtung der Rechenanlage.

Wir müssen uns auf die Andeutungen beschränken und verweisen den interessierten Leser auf Literatur über die Programmierung oder Werke über elektronische Rechenanlage wie [10] von Lamprecht/Lührs/Müller bzw. [5] von Dworatschek.

6. Elektronische Analogrechner

Die Verwendung elektronischer Analogrechner hat folgenden Ursprung. In der Physik ist man bemüht, die Beziehungen zwischen den verschiedenen Größen eines abgeschlossenen physikalischen Systems, sagen wir eines elektrischen Schaltkreises, durch mathematische Formeln oder Gleichungen zu beschreiben. Eine derartige Formel drückt gleichzeitig aus, daß bei beliebiger Wiederholung der Versuchsanordnung, des Experiments, stets dieselben Verhältnisse vorherrschen, also eine Gesetzmäßigkeit vorliegt. Bei der Verwendung von Analogrechnern wird genau der umgekehrte Weg beschritten: Gegeben ist eine auszuwertende mathematische Formel oder ein zu lösendes Gleichungssystem, dann wird eine physikalische Anordnung zusammengestellt, deren Größen in einer der Formel oder dem Gleichungssystem entsprechenden Beziehung zueinander stehen, so daß die Lösung der mathematischen Aufgabe an der physikalischen Anordnung abzulesen ist. Der mathematische Sachverhalt wird durch ein physikalisches Modell nachgebildet. Es werden hierbei also die physikalischen Gesetzmäßigkeiten ausgenutzt, den mathematischen Größen einer Formel entsprechen physikalische Analoga.

Eine Division könnte z.B. im Prinzip durch das Ohmsche Gesetz $U = R \cdot I$ zwischen elektrischer Spannung, Widerstand und Stromstärke eines Gleichstroms realisiert werden, indem nach der nebenstehenden Schaltung bei konstanter Spannung der Schiebewiderstand der Divisionsaufgabe entsprechend eingestellt wird, so daß am Amperemeter die Lösung $I = U/R$ abgelesen werden kann.

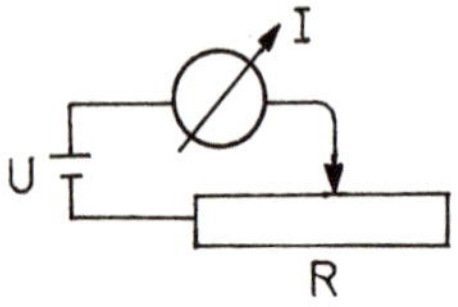

Beim elektronischen Analogrechner werden auf ähnliche Weise vorwiegend elektrische Bausteine verwendet, die den mathematischen Größen entsprechenden Analoga sind also Potentialdifferenzen, Widerstände, Kapazitäten, Stromstärken etc., die jeweilige Aufgabenstellung wird durch eine elektrische Schaltung realisiert, wobei vor allem die bekannten Kirchhoffschen Gesetze ausgenutzt werden. Nun ist es nicht so, daß bei der Zusammenstellung einer Schaltung jeder einzelne Baustein bedacht werden muß. Der Analogrechner gibt vielmehr zur Lösung einer Aufgabe dadurch eine besondere Hilfe, daß er an einer großen Stecktafel einen Vorrat verschiedener Funktionsblöcke bereithält, das sind fertige Teilschaltungen für bestimmte Funktionen wie Summation, Integration, Multiplikation usw. Die Aufstellung einer Gesamtschaltung besteht dann darin, derartige vorgegebene Schaltelemente geeignet durch elektrische Steckleitungen zu verbinden; die erforderlichen Eingangsdaten lassen sich an entsprechenden Drehknöpfen einstellen. Es ist charakteristisch für die Arbeitsweise eines Analogrechners, daß sich die Eingangsdaten innerhalb gewisser Grenzen kontinuierlich verändern lassen. Einzelne Ergebniswerte können an derartigen Skalen abgelesen werden, Lösungsfunktionen lassen sich über einen angeschlossenen Oszillographen oder mit Zwei-Koordinaten-Schreiber auf Papier sichtbar machen.

Wenn die Programmierung eines elektronischen Digitalrechners darin bestand, Sprachelemente einer problemorientierten Programmiersprache geeignet zusammenzustellen und zu verknüpfen, so besteht die Programmierung eines Analogrechners darin, an ihm vorrätige Schaltelemente der mathematischen Aufgabe entsprechend durch Leitungen zu verbinden. Dieses geschieht i.a. anhand einer vorbereiteten Schaltskizze. Für die Erstellung solcher Schaltskizzen hat man für die einzelnen vorhandenen Schaltelemente Symbole vereinbart, hier die wichtigsten Beispiele:

Funktion	Symbol	Wirkung
Potentiometer	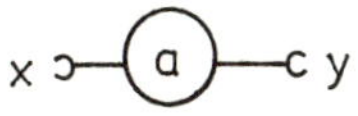	$y = x \cdot a$
Inverter		$y = -x$
Summator	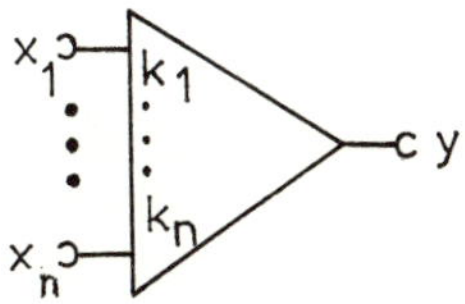	$y = -\sum\limits_{i=1}^{n} k_i x_i \qquad (k_i \geq 0)$
Integrator	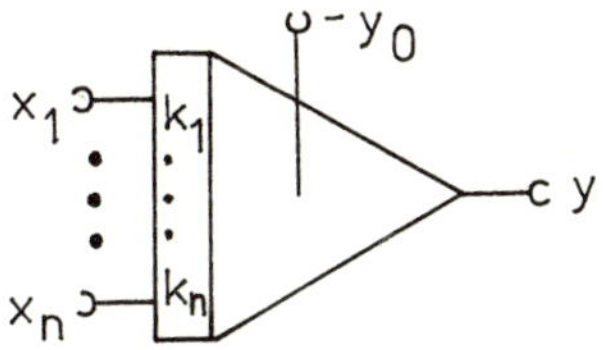	$y = -\sum\limits_{i=1}^{n} \int\limits_{0}^{t} k_i \cdot x_i(\tau)\, d\tau + y_0$

Multiplikator

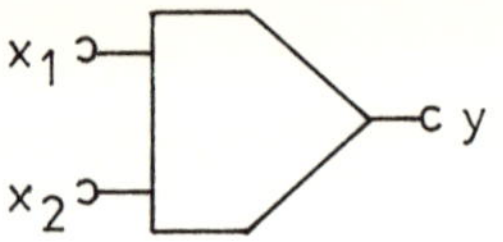

$y = x_1 \cdot x_2$

Komparator

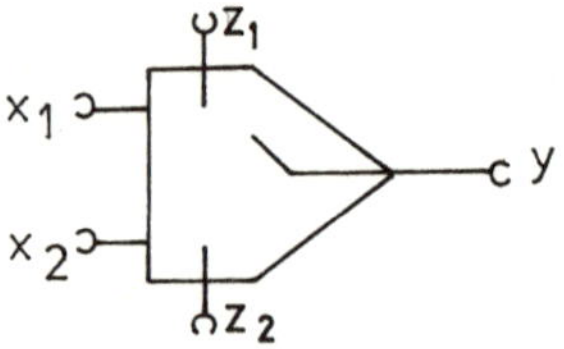

$$y = \begin{cases} z_1 & \text{falls } x_1 + x_2 > 0 \\ z_2 & \text{falls } x_1 + x_2 < 0 \end{cases}$$

Funktionsgeber

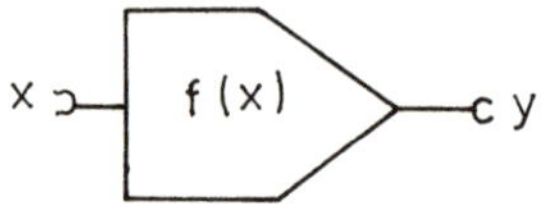

$y = f(x)$

Die folgende Schaltung zeigt als Beispiel, wie im Prinzip ein Summator aufgebaut ist. Das Symbol 

kennzeichnet einen sogenannten offenen Verstärker, für den $y = -Vz$ mit $V \approx 10^9$ gilt und der nahezu keinen Strom durchläßt. Nach den Kirchhoffschen Gesetzen gilt im Punkt P

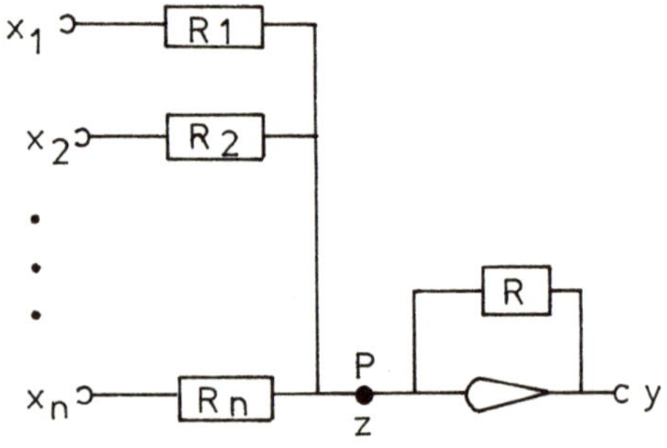

$$\sum \frac{1}{R_i}(z - x_i) + \frac{1}{R}(z - y) = 0$$

oder wegen $z = -\frac{1}{V}y \approx 0$

die Gleichung $y = -\sum \frac{R}{R_i} x_i$.

Beispiel: Es sei die Differentialgleichung

$\ddot{x} = -2\dot{x} - ax$ mit $a > 1$ und den Anfangswerten $x(0) = 1$,

$x(0) = -1$ zu lösen. Diese Beziehungen werden durch die folgende Schaltung realisiert.

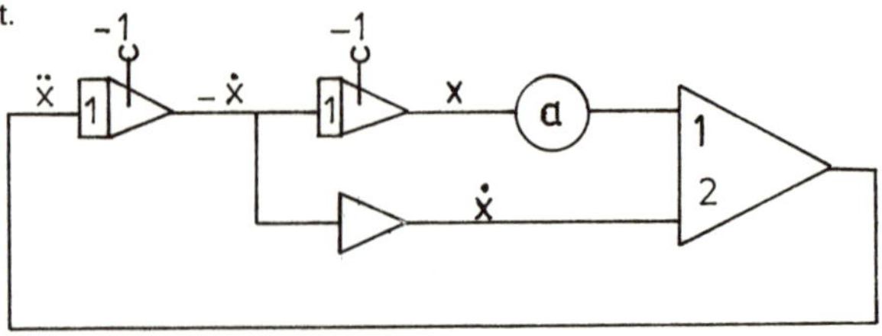

Die Lösung $x(t) = e^{-t} \cdot \cos(\sqrt{a-1} \cdot t)$ ist eine gedämpfte Schwingung.

Die Nachteile des Analogrechners im Vergleich zum Digitalrechner liegen vor allem in der geringen Speicherkapazität und in der verhältnismäßig niedrigen Genauigkeit, denn diese ist durch die Ablesegenauigkeit und Einstellgenauigkeit an den Skalen beschränkt. Sein Vorteil aber liegt in der Einfachheit des Gebrauchs, insbesondere bei fertigen Schaltungen, in der leichten Manipulierbarkeit der Eingangsvariablen. Er eignet sich besonders zur Simulation dynamischer Prozesse, mathematisch gesehen zur Lösung von Differentialgleichungen.

7. Aufgaben

1. Auf einem Standardrechenschieber kann man mit jeweils einer Zungeneinstellung und zwei Verschiebungen des Läufers folgende Werte ablesen:

   a) $\pi^{3/2}$, b) $3 \cdot 10^{7.2}$, c) $\frac{\sin 20°}{\ln 2{,}5}$, d) $2^{6.7}$.

   Wie ist die Stellung der Zunge des Rechenschiebers, was ist das Ergebnis?
2. Wie groß ist der relative Fehler bei einem logarithmischen Rechenstab von 25 cm Länge, wenn man sich beim Ablesen um 0,1 mm verschätzt?
3. Beim Ablesen vom Standardrechenschieber leistet das Auge (bis auf eine Ableseungenauigkeit) eine lineare Interpolation zwischen den Teilstrichen. Wie groß ist die Abweichung des einer solchen Zwischenstelle gemäß der logarithmischen Skala zukommenden Wertes von dem durch lineare Interpolation erhaltenen.
4. Wie könnte ein Spezialrechenschieber aussehen, der es gestattet, aus den zwei Komponenten eines Vektors des $\mathbb{R}^2$ seine Länge abzulesen?
5. Man skizziere in der xy-Ebene einige Höhenlinien der Funktionen

   a) $z = x^y$ für $0 \leq x \leq 3$ und $-2 \leq y \leq 2$.

   (Dafür genügt als Hilfsmittel ein Rechenschieber.)

   b) $z = \frac{x^4 - y^4}{x^4 + y^4}$ für $x^2 + y^2 \leq 1$.
6. Man stelle ein lineares Gleichungssystem für die (gestrichelte) Fluchtlinie des durch Figur 1.8 gegebenen Nomogramms auf, indem man es in einer $\xi\eta$-Ebene betrachtet, und leite daraus die Schlüsselgleichung erneut her und zwar in der Determinantenschreibweise von Formel (3).
7. Man verifiziere für das Nomogramm erster und zweiter Gattung (Figur 1.11 und 1.12) die angegebenen funktionalen Zusammenhänge (10) bzw. (11). Man tue das gleiche für das Parabel-Nomogramm (Figur 1.13).
8. Man zeichne ein Nomogramm für die in 4. aufgestellte Aufgabe $r^2 = x^2 + y^2$.
9. In der Optik kann man die Brechkraft eines Systems aus zwei dünnen Linsen in Luft mit den Brechkräften D_1, D_2 und dem Abstand d aus der Formel

   $D = D_1 + D_2 - d \cdot D_1 \cdot D_2$

   ermitteln.

abzulesen gestattet.

10. Welche Schrittweite (und zwar 10er Potenz) sollte man wählen, damit man log cos x in $[0, \frac{\pi}{4}]$ auf 4 Stellen genau linear interpolieren kann?

11. Wie groß ist der Fehler, wenn man log cos x in $[0, \frac{\pi}{4}]$ an der Stelle $x \in [x_0, x_1]$ mit der Formel

$$y = f_0 + \frac{f_1 - f_0}{h} \cdot (x - x_0) + (x - x_0)(x - x_1)\,\delta$$

interpoliert, wobei die Tabellenschrittweite $h = 10^{-2}$ ist und

$x_j = x_0 + j \cdot h$, ferner $f_j = f(x_j)$ und

$\delta = \dfrac{f_2 - f_1 - f_0 + f_{-1}}{4 \cdot h^2}$ bedeuten?

Hinweis: Man benutze die Taylorentwicklung von f_j.

(Die Größe δ wird in den Tabellen oft angegeben, wenn diese „quadratische Interpolation" notwendig ist.)

12. Man gebe Zahlensysteme an, in denen

a) $11 + 22 = 33$

b) $19 + 29 = 42$

c) $15 \cdot 21 = 420$

gilt.

13. Man verifiziere für Boole'sche Variable das Gesetz

$$a \wedge (b \vee c) = (a \wedge b) \vee (a \wedge c).$$

14. Man bestätige

a) $x \wedge y = \neg((\neg x) \vee (\neg y))$,

(Veranschaulichung dieser Formel durch Vereinigung und Durchschnitt von Mengen.)

b) mit den in (14) eingeführten Bezeichnungen

$$v_{01}(x,y) \vee v_{10}(x,y) = \neg(v_{11}(x,y) \vee v_{22}(x,y)).$$

15. Man entwerfe mit Hilfe der Schaltsymbole von Disjunktion und Konjunktion, sowie des Symbols =[HA]= für den im Beispiel 1) von Abschnitt 5 eingeführten Halbaddierer eine Schaltung zur Multiplikation zweistelliger Dualzahlen.

II. FEHLERTHEORIE

Wie in der Einleitung hervorgehoben, ist man in der praktischen Mathematik gehalten, bei jeder Anwendung eines ihrer Verfahren die gewonnenen Ergebnisse auf ihre Aussagekraft zu prüfen und kritisch zu beurteilen. Diese Aufgabe hat dazu geführt, daß die Fehlertheorie selbst inzwischen ein umfangreiches Teilgebiet der Praktischen Mathematik geworden ist.

Die im ersten Kapitel beschriebenen Hilfsmittel liefern grundsätzlich das Ergebnis einer Rechnung mit einer durch die Arithmetik des Gerätes bestimmten Genauigkeit. Bei elektronischen Rechenanlagen kann man durch Hinzunahme von zusätzlichen geltenden Ziffern und Benutzung von Hilfsprogrammen die Genauigkeit höher und höher treiben, jedoch wird man in aller Regel zu keinen exakten Ergebnissen kommen, wenn man von trivialen Fällen absieht. Dies ist auch in den meisten Fällen nicht notwendig. Wichtig ist nur zu wissen, wie weit sich das errechnete Ergebnis vom exakten höchstens unterscheidet. Bei vielen Rechnungen kommt es nämlich nur darauf an, festzustellen, ob vorgegebene Grenzen und Genauigkeit eingehalten werden, ob z. B. ein Bauwerk unter einer bestimmten Belastung einzufallen droht. Hieraus ist andererseits auch zu erkennen, daß ein Rechenergebnis ohne Fehlerabschätzung eigentlich nichts aussagt. In der Praxis wird ein Rechenergebnis ohne Fehlerangabe so interpretiert, daß die angeführten Ziffern möglicherweise mit Ausnahme der letzten Stelle exakt mit denen der Problemlösung übereinstimmen.

Hat man einen naturwissenschaftlichen oder auch einen volkswirtschaftlichen Vorgang mit Hilfe einer Datenverarbeitungsanlage zu untersuchen, so kann man folgende Teilaufgaben unterscheiden:

a) Es ist zunächst ein Modell aufzustellen. Hierbei werden physikalische oder auch soziologische Annahmen notwendig sein, um das Geschehen mathematisch erfaßbar zu machen, z. B. in der Physik durch Differentialgleichungen mit zugehörigen Anfangs- oder Randbedingungen. Diese Gleichungen werden den Vorgang nur näherungsweise beschreiben, und der Wissenschaftler aus der angesprochenen Disziplin hat in der Regel eine gute Vorstellung davon, welche Vernachlässigungen man machen darf und welche nicht. Dabei entstehen Ungenauigkeiten, die außerhalb des Modells liegen und dementsprechend auch nicht von ihm erfaßt werden können. Eine Möglichkeit, sich darüber ein Bild zu machen, bietet der Vergleich der durch das Modell gelieferten Resultate mit der Wirklichkeit.

b) Man hat ferner die Daten zu erfassen, mit denen in dem Modell gearbeitet wird. Auch die Daten sind in der Regel nur von einer gewissen Genauigkeit. Entweder treten bei den Messungen Unsicherheiten auf, die nicht unterschritten werden können, oder es handelt sich, etwa bei einer Volksbefragung, um statistisches Material, das seiner Natur nach eine gewisse Unschärfe besitzt. Es wird zu untersuchen sein, wie sich die Fehler von Eingabedaten und anderen Parametern auf die Ergebnisse auswirken, „fortpflanzen".

c) Ferner sind oft die durch das Modell geforderten mathematischen Operationen numerisch nicht exakt durchzuführen, sondern müssen approximiert werden. Die dabei entstehenden systematischen Fehler können abgeschätzt und einer genaueren Behandlung zugänglich gemacht werden. Die Untersuchung mathematischer Verfahren und Approximationen auf ihre Genauigkeit wird Gegenstand der folgenden Kapitel dieses Überblickes der Praktischen Mathematik sein.

d) Beim Rechnen treten in den Maschinen sowohl im Analogrechner wie auch im Digitalrechner Ungenauigkeiten auf, beim Analogrechner durch die Unsicherheit der Ablesung und der Einstellung von Parametern und Ergebnissen, am Digitalrechner durch die Notwendigkeit, nach den arithmetischen Operationen das Ergebnis zu runden. Diese Fehler sind ihrer Natur nach schwer zu erfassen, weil man immer nur ihre Größenordnung abschätzen kann. In den letzten Jahren sind jedoch, besonders stimuliert durch Wilkinson und seine Arbeiten, zahlreiche Überlegungen angestellt worden, so daß man heute über diese Fehler recht gut informiert ist.

Beispiel:

a) Nehmen wir an, daß die Behandlung eines Problems durch die Aufstellung des Modells auf die Berechnung von

$$y = \int_0^x \frac{\sin t}{t}\, dt$$

zurückgeführt wird.

b) Der eingehende Parameter ist x. Ist sein Wert durch eine Messung zu ermitteln und weiß man von der Meßapparatur, daß die Differenz $|x^* - \tilde{x}|$ zweier verschiedener Meßwerte einen Betrag δ (Meßgenauigkeit) nicht überschreiten kann, so gilt für den durch die Unsicherheit der Daten hervorgerufenen Fehler nach dem Mittelwertsatz der Differentialrechnung die Abschätzung

$$|y(x^*) - y(\tilde{x})| \leq |y'(\xi^*)| \cdot |x^* - \tilde{x}| \leq \max_{[x^*, \tilde{x}]} \left| \frac{\sin \xi}{\xi} \right| \cdot |\delta|.$$

c) Der obige Integrand ist nicht elementar integrierbar, man muß sich deshalb nach zugänglichen numerischen Methoden umsehen. Dafür bietet sich an, daß man eine numerische Integrationsformel anwendet (vgl. Band II).

Wenn es sich jedoch um verhältnismäßig kleine Werte von x (z. B. $|x| \leq 1$) handelt, kann man das Integral auch durch eine Potenzreihe ersetzen, denn es gilt

$$\frac{\sin x}{x} = 1 - \frac{x^2}{3!} + \frac{x^4}{5!} - \dots .$$

Daraus erhält man durch gliedweise Integration die Form

$$y = \int_0^x \frac{\sin t}{t}\, dt = x - \frac{x^3}{3 \cdot 3!} + \frac{x^5}{5 \cdot 5!} - \dots (-1)^n \frac{x^{2n+1}}{(2n+1)\,(2n+1)!} + \dots$$

Man sieht, daß die Glieder dieser Reihe noch schneller gegen Null streben als bei der Sinus-Reihe. Für $|x| \leq 1$ nehmen die Glieder dem Betrage nach monoton ab und alternieren im Vorzeichen. Begnügt man sich mit einem Potenzreihenabschnitt, so gestattet das erste weggelassene Glied, Vorzeichen und Größe des dabei begangenen Fehlers abzuschätzen. Damit ist der systematische Fehler abgeschätzt.

d) Man hat den Potenzreihenabschnitt auszuwerten und dabei so vorzugehen, daß auftretende Rundungsfehler nicht zu sehr ins Gewicht fallen. Dazu bildet man die Summe in folgende Form um

$$y \approx \left(\cdots \left(\left(\frac{1}{2n+1} \cdot \frac{-x^2}{(2n+1)\,2n} + \frac{1}{2n-1} \right) \frac{-x^2}{(2n-1)\,(2n-2)} + \frac{1}{2n-3} \right) \cdot \frac{-x^2}{(2n-3)\,(2n-4)} + \ldots + 1 \right) x,$$

wodurch Multiplikationen gespart werden und zur Reduzierung von Rundungsfehlern dafür gesorgt wird, daß die Summanden nach wachsenden Beträgen addiert werden (vgl. Aufgaben). Über die bei den einzelnen arithmetischen Operationen auftretenden Rundungsfehler wird im Abschnitt 2 Näheres gesagt.

1. Fehlerfortpflanzung

Die Frage nach der Fortpflanzung von Fehlern stellt sich in allgemeiner Form so: Es liege eine Abbildung

$$\begin{aligned} z_1 &= f_1\,(x_1, \ldots, x_n) \\ &\ldots \\ z_m &= f_m\,(x_1, \ldots, x_n) \end{aligned} \tag{1}$$

des n-dimensionalen in den m-dimensionalen Raum vor, wie wirken sich dann Ungenauigkeiten in den Urbildern (Eingangsdaten) auf die Abbilder aus? Der gemeinsame Definitionsbereich der $f_1, \ldots, f_m$ sei ein konvexes Gebiet G des $\mathbb{R}^n$. Konvex heißt, daß mit zwei Punkten auch die Verbindungsstrecke in dem Gebiet liegt.

Ersetzt man die Werte x_i durch Näherungswerte $\tilde{x}_j$, etwa Meßwerte, so werden auch die Bilder leicht geändert, es entsteht ein durch den Fehler in den Eingangsdaten bedingter „Folgefehler". Er läßt sich bei differenzierbaren Funktionen mit Hilfe des Mittelwertsatzes der Differentialrechnung abschätzen, wie es bereits in dem obigen Beispiel geschah. Wir betrachten die einzelnen Komponenten der Abbildung. Setzt man

$$F_i\,(t) := f_i\,(x_1\,(t), \ldots, x_n\,(t)) \quad \text{mit} \quad x_j\,(t) = \tilde{x}_j + t\,(x_j - \tilde{x}_j), \tag{2}$$

so kann man den Folgefehler erfassen durch

$$\begin{aligned} z_i - \tilde{z}_i &= f_i\,(x_1, \ldots, x_n) - f_i\,(\tilde{x}_1, \ldots, \tilde{x}_n) = F_i\,(1) - F_i\,(0) \\ &= F_i'\,(t_i^*) \cdot (1-0) \\ &= \sum_{j=1}^{n} \frac{\partial f_i}{\partial x_j}\,(\xi_1^{(i)}, \ldots, \xi_n^{(i)}) \cdot (x_j - \tilde{x}_j). \end{aligned} \tag{3}$$

Dabei ist t_i^* ein Wert zwischen 0 und 1, und $\xi_j^{(i)} = x_j\,(t_i^*)$.

Da man die Lage von x und t_i^* ohnehin nicht genau kennt, so setzt man, um einen Überblick zu bekommen, oft an Stelle der $\xi^{(i)}$ einfach den gemessenen Wert von $\tilde{x}$ selbst ein. Ist die Funktion f_i zweimal stetig differenzierbar, so wird man dabei einen Fehler von der zweiten Ordnung (d. h., der proportional zu $\sum (x_j - \tilde{x}_j)^2$ gegen Null strebt), machen, den man gern zunächst außer acht läßt, um eine erste Näherung für den Folgefehler zu erhalten.
Man entnimmt diesen Betrachtungen, daß man den Folgefehler im wesentlichen mit Hilfe der Funktionalmatrix $\left(\frac{\partial f_i}{\partial x_j}\right)$ der oben durch die m Funktionen $f_1, \ldots, f_m$ definierten Abbildung erhält. Dies macht auch plausibel, daß man mehrere Abbildungen nacheinander ausführen kann und dabei nach den Regeln der Differential- und Integralrechnung nur die zugehörigen Funktionalmatrizen zu multiplizieren hat, um den Fehler des Endresultates aus den Fehlern der Eingangsdaten zu ermitteln. Ob die Eingangsfehler verstärkt werden oder nicht, hängt also davon ab, ob die Ableitungen der Abbildung gleichmäßig beschränkt bleiben oder ob sie sehr große Werte annehmen können. Gilt beispielsweise gleichmäßig für alle zulässigen Parameterwerte $x \in G$ die Abschätzung

$$(4) \qquad \left|\frac{\partial f_i}{\partial x_j}\right| \leqq K,$$

so ist es möglich, den Fehler durch

$$(5) \qquad |z_i - \tilde{z}_i| \leqq K \cdot \sum_{j=1}^{n} |x_j - \tilde{x}_j|, \quad i = 1, \ldots, m,$$

abzuschätzen. Häufig wird die Zahl K (bzw. die untere Grenze aller solcher Zahlen) auch als **Konditionszahl** der Aufgabe bezeichnet. Wir werden später noch an Beispielen die Kondition studieren können. Je kleiner K ist, um so „gutartiger" ist die Abbildung bezüglich Fehlern in den Eingangsdaten.
Als **Beispiel** für die Fehlerfortpflanzung möge die Abhängigkeit der Wurzeln eines Polynoms von seinen Koeffizienten hier näher untersucht werden. Gegeben sei ein Polynom

$$p(x) = a_0 + a_1 x + \ldots + a_n x^n, \quad a_n = 1, \quad a_i \in \mathbb{R}.$$

Als Wurzeln bezeichnet man dann alle Lösungen der Gleichung $p(x) = 0$. Es gibt bei einem Polynom n-ten Grades, wie in der Algebra gezeigt wird, n Nullstellen, allerdings können davon einige zusammenfallen und komplex sein. Bei zusammenfallenden Wurzeln verschwinden neben dem Polynom selbst dann auch noch die Ableitungen bis zur Ordnung $m-1$, wenn m Nullstellen identisch sind.

Im Falle $n = 2$ kann man die beiden Lösungen direkt angeben,

$$x_{1/2} = -\frac{a_1}{2} \pm \sqrt{\frac{a_1^2}{4} - a_0},$$

und es bereitet keine Schwierigkeiten, die oben verwendeten Ableitungen nach a_0 bzw. a_1 zu bilden. Im allgemeinen Falle gibt es keine Möglichkeit, durch eine

Formel die Wurzeln als Funktion der Polynomkoeffizienten darzustellen. Man muß sich damit begnügen, zu zeigen, daß die Wurzeln des Polynoms stetige und stetig differenzierbare Funktionen der Polynomkoeffizienten sind. Solange die Wurzeln nicht zusammenfallen, kann man eine einzelne, etwa die j-te Wurzel herausgreifen und untersuchen, wie sie sich ändert, wenn die Koeffizienten leicht verändert werden. Dazu halten wir alle Koeffizienten bis auf den k-ten fest und betrachten x_j als Funktion von a_k. Dann muß die Identität gelten

$$p(x_j(a_k)) \equiv 0,$$

und diesen Ausdruck kann man nach a_k differenzieren. Man bekommt nach der Kettenregel

$$\frac{\partial p}{\partial x_j} \cdot \frac{\partial x_j}{\partial a_k} + \frac{\partial p}{\partial a_k} = 0.$$

Dabei ist die partielle Ableitung von p nach x_j bei konstanten Koeffizienten gleich $p'(x_j)$, also die gewöhnliche Ableitung an der Stelle x_j.
Die Ableitung des Polynoms nach dem k-ten Koeffizienten ergibt natürlich gerade x_j^k. Berücksichtigt man dies, so erhält man also

$$(6) \quad p'(x_j) \cdot \frac{\partial x_j}{\partial a_k} + x_j^k = 0,$$

die sich nach der gewünschten Ableitung auflösen läßt

$$(7) \quad \frac{\partial x_j}{\partial a_k} = - \frac{x_j^k}{p'(x_j)}.$$

Wir werden in einem späteren Abschnitt numerisch von diesen Formeln Gebrauch machen. Hier sei nur darauf hingewiesen, daß diese Ableitung offenbar gegen unendlich gehen kann, wenn die Wurzeln eines Polynoms durch Änderung der Koeffizienten zusammenrücken, weil dann die erste Ableitung gegen 0 strebt.
Man sieht, daß die Aufgabe sicherlich nicht von guter Kondition ist, wenn mehrere Nullstellen eines Polynoms eng benachbart sind bzw. sogar direkt zusammenfallen. Auch dann kann man noch Fehler-Abschätzungen angeben. Während aber in der oben ausgeführten allgemeinen Theorie der Fehler des Ergebnisses linear durch Fehler der Eingangswerte beschränkt werden konnte (vgl. (5)), treten bei mehrfachen Wurzeln auf der rechten Seite von (5) Wurzeln aus den Fehlern der Eingangsdaten auf, so daß keine endliche Konditionszahl existiert.

2. Rundungsfehler

In diesem Abschnitt werden die Rundungsfehler untersucht, die bei Verwendung von elektronischen Rechenanlagen entstehen. Für andere digitale Rechenmaschinen gelten analoge Überlegungen. Wie bereits gesagt, müssen im elektronischen Rechner alle mathematischen Prozesse auf die vier Grundrechenarten und gegebenenfalls Entscheidungen, die natürlich keine Fehler verursachen, zurückgeführt werden. Wir werden deshalb unser Augenmerk zunächst auf die Rundungsfehler richten, die bei der Durchführung der arithmetischen Operationen auftreten. Sie entstehen dadurch, daß nur mit einer fest begrenzten Anzahl von Stellen (bits), die wir als Länge eines „Maschinenwortes" bezeichnen wollen, gerechnet werden kann. Denn eine Zahl, die in die Rechenanlage eingegeben wird oder als Ergebnis einer arithmetischen Operation im Rechner auftritt, muß auf diese begrenzte Stellenzahl ihrer Maschinendarstellung durch Abbruch oder Rundung reduziert werden.

Bei der Diskussion der Rundungsfehler muß man von der **Darstellung der Zahlen** in der Rechenanlage ausgehen. Die Darstellung von ganzen Zahlen wurde bereits in Kapitel I,5 besprochen. Die arithmetischen Operationen $+, -, \cdot$ mit ganzen Zahlen werden exakt ausgeführt, solange die Ergebnisse nicht zu Bereichsüberschreitungen führen. Diese von Rundungsfehlern freie Arithmetik wird z. B. bei Indexrechnungen (vgl. Programmbeispiel am Ende von Kapitel I,5) verwendet.

Allgemein kann man jede reelle in der Maschine darstellbare Zahl x in einer Form

(8) $x = \sigma \cdot a \cdot b^c$

schreiben, wobei σ das Vorzeichen der Zahl, a die Mantisse, gelegen in dem Intervall

(9) $0 \leqq a < 1,$

und $b > 1$ die Basis der Zahlendarstellung ist. Der Exponent c ist ganzzahlig und gibt die Größenordnung an. Für b werden in den Rechenanlagen vorwiegend die Zahl 10 oder die Zweierpotenzen 2, 8, 16, verwendet. In den letzten Fällen spricht man vom Dual-, Oktal- oder Hexadezimalsystem.

Bei der sogenannten **Festkommadarstellung** wird in (8) für jede Zahl x der gleiche Exponent c verwendet. Zu speichern sind bei dieser Darstellung nur das Vorzeichen σ und die Koeffizienten $\alpha_1, \ldots, \alpha_m$ der b-adischen Entwicklung

(10) $a = \alpha_1 \cdot b^{-1} + \ldots + \alpha_m \cdot b^{-m}$ mit $\alpha_i \in \{0, \ldots, b-1\}$.

Die Zahl m kann so groß gewählt werden, daß für die Speicherung von $[\sigma, \alpha_1, \ldots, \alpha_m]$ alle bits eines Maschinenwortes ausgenutzt werden. Da die Zahlen b, c und m für alle Rechnungen feststehen, brauchen sie nicht eigens für jede Zahl gespeichert zu werden. Beim Rechnen mit Festkommazahlen treten allerdings sehr leicht Bereichsüberschreitungen auf, d. h. Zahlen, deren Mantisse a größer als 1 ist. Die Anwendung dieser Arithmetik ist daher auf solche Rechnungen beschränkt, bei denen die Größenordnung der einzelnen Ergebnisse leicht zu übersehen ist.

Für den technisch-wissenschaftlichen Bereich hat sich daher vielmehr die **Gleitkommadarstellung** von Zahlen eingebürgert. Sie ist dadurch gekennzeichnet, daß in (8) der (ganzzahlige) Exponent c innerhalb eines Intervalls variabel ist, wodurch die Gefahr der Bereichsüberschreitung außerordentlich vermindert wird, andererseits aber a durch die Forderung

(11) $\frac{1}{b} \leqq a < 1$

festgelegt, „normalisiert" wird; diese Schreibweise der Zahl x ist eindeutig bestimmt. Zur Speicherung von x müssen nun die für x charakteristischen Größen σ, c und a festgehalten werden, hierzu werden die vorhandenen Stellen eines Maschinenwortes in der Form $[\sigma, c, a]$ aufgeteilt, wobei jetzt für c eine durch eine Konvention festgelegte Anzahl Stellen benutzt wird, die natürlich der Mantisse a verlorengehen. Viele Rechenanlagen beschränken die Exponenten auf den Bereich $-64 \leqq c \leqq +63$ im Dualsystem $(b = 2)$ und verwenden bei einer Maschinenwortlänge von 32 Stellen (bits) zur Darstellung der Zahl a insgesamt $t = 24$ Stellen, die erste Stelle von a ist wegen der Normalisierung (11) ungleich Null.

Wir werden unser Augenmerk ausschließlich auf die Rundungsfehler bei Gleitkommaoperationen lenken und dabei den relativen Fehler betrachten. Die beiden Operanden seien jeweils

$$\text{(12)}\quad \begin{aligned} x_1 &= \sigma_1 b^{c_1} a_1 \text{ mit } a_1 = \alpha_1 b^{-1} + \alpha_2 b^{-2} + \ldots + \alpha_t b^{-t} \text{ und } \alpha_1 \neq 0 \\ x_2 &= \sigma_2 b^{c_2} a_2 \text{ mit } a_2 = \beta_1 b^{-1} + \beta_2 b^{-2} + \ldots + \beta_t b^{-t} \text{ und } \beta_1 \neq 0, \end{aligned}$$

wobei t die Anzahl der von der Rechenanlage zugelassenen geltenden Stellen ist. Wir nehmen weiter an, daß das Rechenwerk wie i.a. üblich in der Lage ist, ein Rechenergebnis bis zur doppelten Stellenlänge 2t auszuführen und anschließend eine Rundung auf t Stellen vorzunehmen. Aufgerundet wird, wenn die Ziffer an der Stelle $t + 1$ größer oder gleich $\frac{1}{2}b$ ist, sonst wird abgerundet. Kennzeichnet $\tilde{x}$ die durch ein solches Runden aus einer Zahl $x \in \mathbb{R}$ entstehende zugehörige Maschinenzahl, so gilt offensichtlich

$$\text{(13)}\quad |\tilde{x} - x| \leq \frac{1}{2} b^{-t} \qquad \text{für } x \in [\tfrac{1}{b}, 1).$$

Fehleranalyse bei der Gleitkommaaddition und -subtraktion

O.B.d.A. sei $|x_1| \geqq |x_2|$. Mit $\sigma = \sigma_2 : \sigma_1$ und $c = c_1 - c_2 \geqq 0$ ist dann

$$\text{(14)}\quad x_1 \pm x_2 = \sigma_1 b^{c_1} (a_1 \pm \sigma b^{-c} a_2).$$

Setzt man

$$\text{(15)}\quad y_1 = a_1 \text{ und } y_2 = \pm \sigma b^{-c} a_2$$

und schreibt y_2 wie y_1 als Festkommazahl, so genügt es zur Untersuchung des relativen Fehlers bei der Operation $x_1 \pm x_2$, den der Festkommaaddition $y_1 + y_2$ ins Auge zu fassen. Auf diese Berechnung wird nämlich in einer Rechenanlage die Operation $x_1 \pm x_2$ zurückgeführt. Kennzeichnet man mit einer Schlange über einem arithmetischen Ausdruck das numerische Ergebnis der Rechnung, so gilt

Satz 1: *Der relative Fehler* ε *bei der Rechenoperation* $x_1 \pm x_2$ *genügt der Beziehung* $\widetilde{y_1 + y_2} = (y_1 + y_2)(1 + \varepsilon)$ *und ist von der Größenordnung*

$$\text{(16)}\quad |\varepsilon| \leqq \frac{1}{2} b^{1-t}.$$

Beweis: Die erste Behauptung folgt unmittelbar aus (14) und (15), da

$$\widetilde{x_1 \pm x_2} = \sigma_1 b^{c_1} (\widetilde{y_1 + y_2}).$$

Ist $y_1 + y_2 = o$, so tritt kein Rundungsfehler auf. Wir betrachten deshalb den verbleibenden Fall, daß $y_1 + y_2 > o$ ist. Dann gibt es eine ganze Zahl d, so daß das exakte Ergebnis $y_1 + y_2$ im Intervall $[b^{-1-d}, b^{-d})$ liegt. Aus (13) folgt dann

$$(17) \quad r := |\widetilde{y_1 + y_2} - (y_1 + y_2)| \leq \frac{1}{2} b^{-t-d}$$

und daher

$$r \leq \frac{1}{2} b^{1-t} \cdot b^{-1-d} \leq \frac{1}{2} b^{1-t} (y_1 + y_2).$$

Aus (17) erhält man somit

$$-\frac{1}{2} b^{1-t} (y_1 + y_2) \leq \widetilde{y_1 + y_2} - (y_1 + y_2) \leq \frac{1}{2} b^{1-t} (y_1 + y_2)$$

und daraus schließlich

$$(18) \quad \widetilde{y_1 + y_2} = (y_1 + y_2)(1 + \varepsilon)$$

mit $|\varepsilon| \leq \frac{1}{2} b^{1-t}$. ■

Bei diesem Beweis wurde davon ausgegangen, daß das Rechenwerk $y_1 + y_2$ vor dem Runden exakt berechnet und nicht nur, wie oben beschrieben, höchstens auf 2t Stellen genau. Man kann sich überlegen, daß durch diese Maschinengegebenheit die Aussage von Satz 1 nicht betroffen wird.

Beispiel: Unter der Voraussetzung $b = 2$ und $t = 4$ seien die beiden Zahlen $x_1 = 24$ und $x_2 = 11$ zu addieren. Da

$$x_1 = 1 \cdot 2^4 + 1 \cdot 2^3 \quad \text{und}$$
$$x_2 = 1 \cdot 2^3 + 0 \cdot 2^2 + 1 \cdot 2^1 + 1 \cdot 2^0$$

ist $x_1 = 0.1100 \cdot 2^5$ und $x_2 = 0.1011 \cdot 2^4$ also $c_1 = 5$ und $c_2 = 4$ und somit $c = c_1 - c_2 = 1$. In der Maschine wird für a_1 die Ziffernfolge 1100 und für a_2 die Ziffernfolge 1011 gespeichert. Ferner ist

$$y_1 = 0.11000 \quad \text{und}$$
$$y_2 = 0.01011 \quad \text{also}$$
$$y_1 + y_2 = 1.00011.$$

Da nur vier Stellen gespeichert werden können, erhält man nach dem Runden

$$(\widetilde{y_1 + y_2}) = 1.001 = 0.1001 \cdot 2^1$$

Die zu berechnende Summe $x_1 + x_2 = 35$ ist also durch

$$\widetilde{x_1 + x_2} = b^{c_1} (\widetilde{y_1 + y_2}) = 0.1001 \cdot 2^6$$
$$= 1 \cdot 2^5 + 1 \cdot 2^2 = 36$$

ersetzt worden. Für den relativen Fehler verifiziert man schließlich

$$\frac{36 - 35}{36} = \frac{1}{36} \leq \frac{1}{2} 2^{-3} = \frac{1}{2} b^{1-t}.$$

Bemerkung:

1. Interessant ist der Fall, daß bei der Addition oder Subtraktion mehr als eine führende Null entstanden ist, d. h., wenn

$$|y_1 \pm y_2| \leqq b^{-2}.$$

Der Betrag von y_2 läßt sich abschätzen durch

$$|y_2| \geqq |y_1| - |y_1 \pm y_2| \geqq b^{-1} - b^{-2} = b^{-1}(1 - b^{-1}) \geqq \frac{1}{2} b^{-1},$$

es ist also c gleich 0 oder 1, vgl. (15). Da jede der beiden Zahlen nur t geltende Ziffern besitzt, bedeutet dies, daß y_2 höchstens in die $(t+1)$-te Stelle reicht. Gleiches gilt dann für $y_1 \pm y_2$, und da wir hier mindestens zwei führende Nullen erhalten, hat das Ergebnis also weniger als t geltende Ziffern, es braucht demnach nicht gerundet zu werden. Das Rechenergebnis ist exakt darstellbar, mithin frei von Rundungsfehlern. Um die errechnete Zahl wieder in eine normalisierte Gleitkommadarstellung überzuführen, ist hier das Komma zu verschieben und der Exponent dementsprechend zu korrigieren.
Wir werden jedoch bei einem späteren Beispiel sehen, warum dennoch Stellenauslöschungen von den Numerikern gefürchtet werden. Sie führen nämlich zu Ungenauigkeiten im Endergebnis längerer Rechnungen.

2. Bisher wurde ausgeschlossen, daß bei der Addition oder Subtraktion eine Bereichsüberschreitung auftritt, d. h., daß der für die Zahl c spezifizierte Bereich zur Darstellung des Ergebnisses nicht mehr ausreicht. Tritt ein Überlauf auf, d. h., wird c größer als die zugelassene obere Grenze, so wird die weitere Rechnung abgebrochen. Solche Vorfälle ergeben sich sehr schnell, wenn man etwa Exponentialfunktionen auszuwerten hat. Tritt ein Unterlauf ein, d. h., wird dem Exponent ein Wert zugewiesen, der kleiner als die untere zugelassene Grenze ist, so wird das Rechenergebnis in der Regel gleich Null gesetzt.

3. Bei den obigen Erörterungen wurde $|x_1| \geqq |x_2|$ vorausgesetzt. Durch die Speicherordnung $[\sigma, c, a]$ der Gleitkommazahlen kann man die Anordnung zweier Zahlen nach ihrer Größe (unter Berücksichtigung des Vorzeichens σ) bereits durch direkten Vergleich der Ziffern in dieser Darstellung ermitteln. Ist nämlich eine Zahl größer als die andere, so sieht man das entweder am Vorzeichen σ oder bei gleichen Vorzeichen am Exponenten c, oder wenn auch diese gleich sind, an den Mantissen a.

Fehleranalyse bei der Multiplikation und Division

Sofern bei der Multiplikation von x_1 und x_2 weder Überlauf noch Unterlauf stattfinden, gilt für das Ergebnis offenbar

(19) $x_1 \cdot x_2 = (\sigma_1 \cdot \sigma_2)\, b^{c_1+c_2}\, (a_1 \cdot a_2)$

und es genügt für die Betrachtung des Fehlers, lediglich das Produkt $a_1 \cdot a_2$ zu untersuchen, da $c_1 + c_2$ ganzzahlig und exakt durchgeführt wird. Das Ergebnis kann bis zu 2t von Null verschiedene Stellen besitzen, und es ist wieder auf t Stellen zu runden. Ist bei der Multiplikation in der ersten Stelle hinter dem

Komma eine 0 entstanden, so muß außerdem der Exponent berichtigt werden zu $c_1 + c_2 - 1$, wenn man das Ergebnis wieder normalisieren will, d.h. dafür sorgen will, daß in der Mantisse a die erste Ziffer hinter dem Komma von 0 verschieden ist.

Die für die Multiplikation angestellten Überlegungen gelten fast wörtlich für die Division mit der Ausnahme, daß der Nenner natürlich nicht verschwinden und auch nicht so klein sein darf, daß es zu einem Überlauf kommt. Der einzige Unterschied besteht darin, daß jetzt bei der Bildung von a_1/a_2 nicht mehr 2t Stellen zur Darstellung des Ergebnisses auszureichen brauchen; sie reichen jedoch sicher aus, um zuverlässig zu runden. Man hat also

Satz 2: *Bei der Multiplikation bzw. Division von Gleitkommazahlen gilt*

$$(20)\quad \begin{aligned} (\widetilde{x_1 \cdot x_2}) &= x_1 \cdot x_2 \ (1 + \varepsilon^*) \ \textit{mit} \ |\varepsilon^*| \leqq \frac{1}{2} b^{1-t} \ \textit{bzw.} \\ (\widetilde{x_1 / x_2}) &= (x_1/x_2) \ (1 + \hat{\varepsilon}) \ \textit{mit} \ |\hat{\varepsilon}| \leqq \frac{1}{2} b^{1-t}, \ \textit{falls} \ x_2 \neq 0. \end{aligned}$$

Aufgrund dieser Fehleranalyse der elementaren Rechenoperationen haben wir die Möglichkeit, die Technik der Fehleranalyse zu beschreiben, die man nach Wilkinson mit Vorwärts- bzw. Rückwärts-Analysis bezeichnet.

Bei der **Vorwärts-Analysis** fragt man sich, wieweit das erhaltene numerische Ergebnis vom „wahren" Resultat entfernt sein kann. Für die arithmetischen Operationen wird die Antwort durch Satz 1 und Satz 2 gegeben.

Bei der **Rückwärts-Analysis** versucht man, das durch Runden erhaltene Ergebnis $\widetilde{x_1 + x_2}$ als exaktes Ergebnis einer Rechnung mit (möglichst wenig) veränderten Eingangsdaten $\bar{x}_1, \bar{x}_2$ aufzufassen. Für die sich ergebenden Änderungen gegenüber x_1, x_2 müssen Abschätzungen δ_1, δ_2 angegeben werden. Diese Abschätzungen erlauben es, mit Hilfe des Fehlerfortpflanzungsgesetzes auch die Abweichung ε zwischen dem exakten Ergebnis mit exakten Eingangsdaten und dem mit den veränderten Eingangsdaten abzuschätzen.

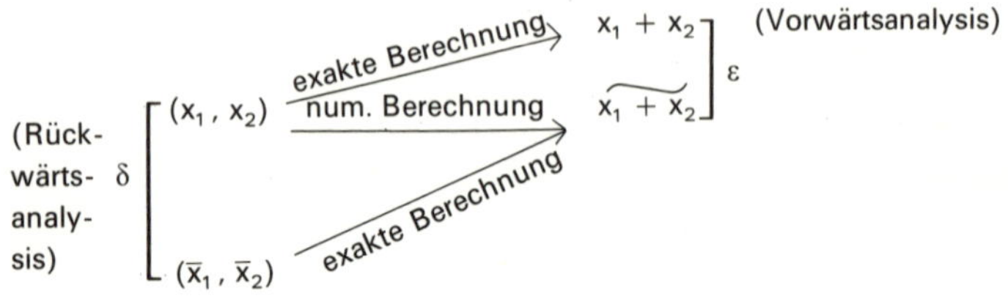

Wie sich Rundungsfehler auswirken und wie man ihren Einfluß abschätzen kann, soll an einem ausführlichen Beispiel gezeigt werden. Zur Verdeutlichung verwenden wir nur zwei geltende Ziffern $(t = 2)$, d.h., daß bei jeder Rechnung das Ergebnis auf zwei geltende Ziffern zu runden ist.

Beispiel für Vorwärtsanalysis:

Es soll das Polynom

$$p(x) = x^3 - 3.7x - 0.18$$

an der Stelle $x = -1.9$ berechnet werden. Bei der Fehlerdiskussion kommt es sehr genau darauf an, welchen Algorithmus man verwendet.

Algorithmus 1:	Algorithmus 2:	Algorithmus 3: (Horner-Schema)
$u_1 = x^2$	.	.
$u_2 = u_1 \cdot x$	.	$w_2 = u_1 - 3.7$
$u_3 = 3.7 \cdot x$	.	$w_3 = w_2 \cdot x$
$u_4 = u_2 - u_3$	$v_4 = u_2 - 0.18$	$w_4 = w_3 - 0.18$
$u_5 = u_4 - 0.18$	$v_5 = v_4 - u_3$	.

Man benötigt im Algorithmus 3 eine Operation weniger als bei den anderen! Führt man die Rechnung durch, so erhält man die Ergebnisse:

$u_1 = 3.6 \quad (3.61)$	.	.
$u_2 = -6.8 \quad (-6.859)$	.	$w_2 = -0.1 \quad (-0.09)$
$u_3 = -7.0 \quad (-7.03)$	.	$w_3 = 0.19 \quad (0.171)$
$u_4 = +0.20 \quad (0.171)$	$v_4 = -7.0$	$w_4 = +0.010 \quad (-0.009)$
$u_5 = +0.020 \quad (-0.009)$	$v_5 = 0.0$	.

Zum Vergleich sind beim ersten Algorithmus in Klammern jeweils die exakten Ergebnisse angegeben. Es zeigt sich dabei, daß bei u_1, u_2 und u_3 nur relativ kleine Rundungsfehler entstehen. Durch die Bildung der Differenz $u_2 - u_3$ gehen geltende Stellen verloren, so daß diese vorher relativ kleinen Fehler in bezug auf dieses neue Ergebnis relativ groß sind. Dies erklärt, daß wir anschließend zu einem verhältnismäßig ungenauen Ergebnis kommen, bei dem überhaupt keine Stelle mehr gesichert ist.

Bei der Vorwärts-Analysis machen wir von Satz 1 und Satz 2 Gebrauch. Dies führt für den ersten Algorithmus zu der Kette von Formeln

$$\begin{aligned} \tilde{u}_1 &= x^2 \cdot (1+\varepsilon_1) \\ \tilde{u}_2 &= \widetilde{\tilde{u}_1 \cdot x} = x^3 \cdot (1+\varepsilon_1)(1+\varepsilon_2) \\ \tilde{u}_3 &= 3.7 \cdot x(1+\varepsilon_4) \\ \tilde{u}_4 &= [x^3(1+\varepsilon_1)(1+\varepsilon_2) - 3.7 \cdot x(1+\varepsilon_3)] \cdot (1+\varepsilon_4) \\ \tilde{u}_5 &= [\tilde{u}_4 - 0.18] \cdot (1+\varepsilon_5) \end{aligned} \qquad (21)$$

Wertet man diese Fehlerterme wieder nur in erster Ordnung aus, läßt also Quadrate und Produkte der ε_j weg, so bekommt man

$$x^3 \cdot (\varepsilon_1 + \varepsilon_2) - 3.7 \cdot x \cdot \varepsilon_3 + [x^3 - 3.7 \cdot x] \cdot \varepsilon_4 + u_4 \cdot \varepsilon_5 . \qquad (22)$$

In dem ungünstigsten Falle, daß ε_1 und ε_2 gleiches, ε_3 entgegengesetztes Vorzeichen haben, und wenn ε_4 und ε_5 von uns als mit kleinen Faktoren behaftet vernachlässigt werden, kann der Fehler ungefähr die Größenordnung $20 \cdot \varepsilon$, also nach (16) und (20) wegen $b = 10$ und $t = 2$ die Größenordnung 1 erreichen.

Bemerkung: In diesem Beispiel haben wir uns einer Festkommaschreibweise bedient. Wir sind jedoch der Konvention gefolgt, daß nur zwei geltende Ziffern für die weitere Rechnung verwandt worden sind. In der Festkommaschreibweise ist es leichter, die Rechnung zu verfolgen, weil sie unserem täglichen Gebrauche entspricht. An sich hätten wir schreiben müssen

$$u_1 = 0{,}36 \cdot 10^1$$
$$u_4 = 0{,}20 \cdot 10^0$$
$$u_5 = 0{,}20 \cdot 10^{-1}$$
$$\ldots$$

Diese Darstellung verschleiert auch noch stärker, wie viele von den als geltend angegebenen Ziffern noch signifikant sind.

Beispiel für die Rückwärtsanalysis:
Es soll die Genauigkeit der Näherungswerte für die Nullstellen eines Polynoms untersucht werden. Wir betrachten das gleiche Polynom wie oben.

$$p(x) = x^3 - 3.7x - 0.18$$

Als geschätzte Nullstellen werden verwendet

$$x_1 = 1.9$$
$$x_2 = -1.8$$
$$x_3 = -0.072.$$

Diese Nullstellen erweisen sich als Wurzeln eines Näherungspolynoms der Form

$$\begin{aligned} p^*(x) &= (x - 1.9) \cdot (x + 1.8) \cdot (x + 0.072) \\ &= x^3 - 0.028x^2 - 3.4272x - 0.24624. \end{aligned}$$

Die Ungenauigkeit $a_i - a_i^*$ in den Koeffizienten beträgt also

$$0 \qquad +0.028 \qquad -0.2728 \qquad +0.06624.$$

Damit ist es möglich geworden, die Ungenauigkeit der Wurzeln zurückzuführen auf Ungenauigkeit in den Koeffizienten und die im ersten Paragraphen entwickelte Theorie der Fehlerfortpflanzung anzuwenden. Wie dort angegeben wurde, gilt für die partiellen Ableitungen

$$\frac{\partial x_i}{\partial a_k} = -\frac{x_i^k}{p'(x_i)}$$

und man bekommt damit für die Ungenauigkeit der Wurzeln, wenn man nur die linearen Terme berücksichtigt, beispielsweise für $i = 2$ die Näherung

$$\begin{aligned} \Delta x_2 &= -\frac{1.8^2}{6.02} \cdot 0.028 - \frac{(-1.8)}{6.02} \cdot (-0.2728) - \frac{1}{6.02}(0.06614), \\ &= -0.015 - 0.082 - 0.011 = -0.108. \end{aligned}$$

Im vorhergehenden Beispiel wurde gezeigt, daß $x_2 + \Delta x_2 = -1.9$ in der Tat eine gute Näherung einer Nullstelle ist.

3. Zur Arithmetik digitaler Rechenanlagen

Das Rechnen mit reellen Zahlen erfolgt in digitalen Rechenanlagen nicht entsprechend den für diese Zahlen charakteristischen Axiomen, denn wie im vorherigen Abschnitt dargelegt, ist fast jede arithmetische Operation mit einem Rundungsprozeß verbunden. Schon die Tatsache, daß sich in der Rechenanlage nur eine endliche Menge $\mathbb{R}'$ von reellen Zahlen darstellen läßt, hat zur Folge, daß für zwei von Null verschiedene Zahlen a, b aus $\mathbb{R}'$ nicht notwendig

$a \square b$ zu $\mathbb{R}'$ gehört und

$a \square x = b$ eine Lösung x aus $\mathbb{R}'$ besitzt,

wenn das Zeichen $\square$ für eine der vier Grundrechenarten steht. Durch mögliche Bereichsüberschreitungen ist die Abgeschlossenheit gegenüber arithmetischen Operationen verletzt. Aufgrund der im vorherigen Abschnitt erläuterten Rundungsfehler sind ferner das Assoziativgesetz und das Distributivgesetz in $\mathbb{R}'$ nicht erfüllt, d. h., es gibt Zahlen a, b, c aus $\mathbb{R}'$, so daß

$a + (b + c) \neq (a + b) + c$ bzw.

$(a + b) \cdot c \neq ac + bc$

gilt, selbst wenn die einzelnen Rechenergebnisse den Zahlenbereich $\mathbb{R}'$ nicht überschreiten.

Wenn die Verletzung der genannten Axiome im Einzelfall einer Berechnung auch einsichtig ist, so wird ihre Einwirkung bei längeren Rechnungen leicht vergessen und außer acht gelassen; so z. B. bei dem Rechnen mit Funktionen. Die Ausdrücke

$f(x) = (a + b) \cdot x$ und

$g(x) = a \cdot x + b \cdot x$

etwa stellen die gleiche Funktion aber verschiedene Rechenvorschriften dar. Man sollte deshalb stets deutlich zwischen der in theoretischen Überlegungen verwendeten Funktion und ihrer Realisierung durch eine Rechenvorschrift unterscheiden; das Ergebnis einer Rechenvorschrift ist jeweils von der verwendeten Rechenmaschine abhängig. Dieser Unterschied wird auch im Abschnitt III,2 über die Berücksichtigung von Rundungsfehlern bei Iterationsverfahren noch einmal deutlich werden.

Im Mathematikunterricht könnte man die geschilderten Verhältnisse an dem folgenden gedanklichen Modell eines Digitalrechners veranschaulichen, der nur zweistellige Zahlen zwischen -100 und $+100$ mit höchstens einer Dezimalstelle hinter dem Komma zu speichern und mit ihnen zu rechnen gestatte. Arithmetische Ausdrücke mögen unter Einhaltung der üblichen Klammerregeln und der Rangfolge der vier Grundrechenarten von links nach rechts abgearbeitet werden, wobei eine Division und Multiplikation zunächst exakt ausgeführt und ihr Ergebnis anschließend entsprechend gerundet wird. Man überprüfe dann die Gültigkeit der verschiedenen Axiome der reellen Zahlen. Die Ungültigkeit des Assoziativgesetzes wird schon am einfachen Beispiel mit $a = 12.$, $b = -12.$ und $c = 0.3$ ersichtlich, denn $(a + b) + c$ ergibt 0.3 während das Ergebnis von

$a + (b + c)$ Null ist, weil das Zwischenergebnis $b + c$ gleich $-12.$ ist. Der Unterschied zwischen Funktion und zugehörigen Rechenvorschriften läßt sich an dem Beispiel $1/x + 1/(1-x)$ und $1/(x \cdot (1-x))$ für die Zahlen des Intervalles [0.1, 0.5] demonstrieren, die in $\mathbb{R}$ dieselbe Funktion f (x) darstellen.

Es ergibt sich

x	0.1	0.2	0.3	0.4	0.5
$1/x + 1/(1-x)$	11	6.3	4.7	4.2	4
$1/(x \cdot (1-x))$	10	5	5	5	3.3
f (x)	11.111	6.250	4.762	4.167	4.000

Die hier angedeuteten Eigenarten der Arithmetik eines elektronischen Digitalrechners trifft man bei allen digitalen Rechenmaschinen an. Obwohl die gebräuchlichen Rechenhilfsmittel fast ausnahmslos digitaler Art sind, wird beim Umgang mit reellen Zahlen in der Praxis dennoch so verfahren, als ob die (nur) für die Gesamtheit der reellen Zahlen gültigen und charakteristischen Axiome erfüllt sind.

4. Aufgaben

1. Man vergleiche die zurückgelegte Fahrstrecke eines Autos als Funktion der Zeit t bei verschiedenen Modellannahmen über das Anfahren.
   a) Die Geschwindigkeit sei konstant, etwa 100 km/Std. und der Beschleunigungsvorgang auf diese Geschwindigkeit werde vernachlässigt.
   b) Beim Anfahren wird durch konstante Beschleunigung innerhalb von 10 sec. ausgehend vom Stillstand die konstante Reisegeschwindigkeit von 100 km/Std. erreicht.

   Mit diesem Vergleich kann man beurteilen, ob für die Berechnung der Fahrstrecke der Anfahrvorgang von Bedeutung ist.
2. Eine Kugel schwimmt in einem Gefäß mit Wasser. Man ermittle ihr Gewicht (es ist das des verdrängten Wassers), indem man den Radius r und die Eintauchtiefe h mißt. Wie groß ist die Ungenauigkeit der Gewichtsbestimmung für Meßwerte $r = 15$ cm und $h_0 = 10$ cm, wenn es im Wasser nicht möglich ist, die Eintauchtiefe genauer als bis auf 1 mm zu bestimmen, und wenn der Radius nur auf 0.5 mm genau ermittelt werden kann?
3. Ein Pendel mit einer Länge l von ungefähr 2 m führt 400 Schwingungen in 1135 sec. aus. Die Längenangabe sei mit einem Meßfehler von maximal ± 1 mm, die Gesamtschwingungsdauer mit einem Meßfehler von höchstens ± 0.5 sec. behaftet, und π sei als 3.1416 gegeben. Man bestimme, mit welcher Genauigkeit die Schwerebeschleunigung g aus den gegebenen Größen nach der Formel $T = 2\pi\sqrt{\frac{l}{g}}$ berechnet werden kann, wobei T die Dauer einer Schwingung bedeutet. Man zeige weiterhin, welcher Meßfehler das Ergebnis stärker beeinflußt.

4. Für die Wurzel der quadratischen Gleichung $x^2 + 2bx + c = 0$ mit reellen b und c dikutiere man analytisch die Empfindlichkeit der Wurzeln gegen Änderungen der Koeffizienten b und c um die Eingabefehler s bzw. t
   i) bei getrennten reellen Wurzeln,
   ii) bei zusammenfallenden Wurzeln.

   Mit welcher Potenz von s bzw. t wächst in beiden Fällen der Fehler?

   iii) Man stelle die Wurzeln der quadratischen Gleichungen mit $c = 1$, $b = b_0 + s$ als Funktion des Parameters s im Intervall [0,1] dar für $b_0 = 1$ und $b_0 = 1.5$.
5. Man veranschauliche sich das Rechnen mit Gleitkommazahlen, indem man im Dualsystem mit $t = 4$ Stellen die folgenden Summen bildet: $13 + (-10)$, $13 + 18$, $72 + 3$.
6. Am Beispiel der Summe $s = \sum_{k=1}^{10^5} \frac{1}{k^2}$ beim Rechnen mit 6 Dezimalziffern (Gleitkommadarstellung) zeige man, daß es vorteilhaft ist, um den Einfluß der Rundungsfehler klein zu halten, die Summanden in der Reihenfolge wachsender Beträge zu addieren.
7. Rechnen mit „doppelter Genauigkeit".

   Auf einer Rechenmaschine, die die Eingabe von n-stelligen Faktoren erlaubt und ein $2 \cdot (n+1)$-stelliges Ergebnis (Schutzstellen) liefert, soll das Produkt zweier Zahlen von je 2n Stellen gebildet und das Ergebnis auf 2n Stellen gerundet werden. Man überlege, welche Operationen dafür notwendig sind, wenn man jede der 2n-stelligen Zahlen als Summe zweier Zahlen mit höchstens n führenden Ziffern auffaßt. Als Beispiel mit $n = 2$ diene

   a) $0.3742 \cdot 0.4632$

   b) $0.3742 \cdot 0.1285$

   c) $0.9003 \cdot 0.1650$.
8. Zur Auswertung der Funktion

$$y = \frac{\sqrt{x}}{1+x} \qquad \text{für}$$

$$x = \frac{(a+b)c}{d} \qquad \text{mit } a, b, c \in (0,1) \text{ und } d \in (0.1, 1)$$

   entwerfe man eine Rechenvorschrift, in die man so geschickt Skalenfaktoren einbaut, daß kein Zwischenergebnis den Wert 1 überschreitet. (Ein Hilfsprogramm zur Wurzelberechnung sei vorhanden.) Dies ist ein typisches Beispiel einer Festkommarechnung.

III. ITERATIVE LÖSUNG VON GLEICHUNGEN

Die in der Praxis vorkommenden Gleichungen lassen sich nur in seltenen Fällen in geschlossener Form lösen. Meist wird man statt dessen ein iteratives Verfahren zur Lösung entwickeln müssen, das eine Folge von Näherungslösungen liefert. Hiermit ist die Aufgabe verbunden zu prüfen, ob eine erhaltene Näherungslösung bereits die gewünschte Genauigkeit besitzt und ob die Iteration damit beendet werden kann.

Selbst in den wenigen Fällen, in denen eine geschlossene Lösung angegeben werden kann, wird zuweilen wegen höherer Rechengenauigkeit oder -geschwindigkeit auf iterative Verfahren zurückgegriffen. Ein Beispiel finden wir bei der Lösung linearer Gleichungssysteme im nächsten Kapitel. Es kann hinzukommen, daß exakte Lösungsverfahren in der Rechenanlage einen größeren Programmieraufwand erfordern als iterative Schemata, die man oft mit wenigen Befehlen realisieren kann, denen natürlich ein Abbruchkriterium hinzugefügt werden muß. Bei einem iterativen Schema muß man befürchten, daß Rundungsfehler fortgepflanzt und verstärkt werden. Die hier beschriebenen Verfahren haben jedoch den Vorteil, daß mit dem Verfahrensfehler auch die Rundungsfehler bei der Iteration klein werden, denn wir werden iterative Schemata entwickeln, die von einem gewissen Näherungswert ausgehen und unabhängig von dem Näherungswert zu einer Lösung der gestellten Aufgabe führen. Ein Rundungsfehler in einem Zwischenergebnis wirkt sich so aus, als ob man beim folgenden Schritt mit einem leicht geänderten Eingangswert fortfährt; auch von diesem neuen Wert aus, der nicht genau dem iterativ ermittelten entspricht, führt das Verfahren weiter zur (eindeutigen) Lösung.

In der Regel wird die Aufgabenstellung darin bestehen, ein x zu finden, das eine Gleichung der Form

(1) $f(x) = 0$

erfüllt, wobei f eine gegebene Funktion oder auch Abbildung beschreibt. Die hier entwickelten Theorien sind mit wenigen Ausnahmen auf mehrere Dimensionen oder sogar abstrakte Räume übertragbar. Es soll jedoch der Einfachheit halber meist angenommen werden, daß f eine reellwertige Funktion einer reellen Veränderlichen x ist.

1. Fixpunkt- und Kontraktionssätze

Um zu einem iterativen Schema zu kommen, formt man die obige Gleichung (1) um zu

(2) $x = F(x)$,

wobei man natürlich $F(x) := x \pm f(x)$ setzen muß. Ein Lösung x^* der Gleichung (2) wird **Fixpunkt** von F genannt. Wir unterstellen, daß die Funktion F bzw. f in einem Intervall I der reellen Zahlen definiert ist. Um iterieren zu können, muß man sicherstellen, daß die ermittelten Funktionswerte jeweils wieder im Definitionsbereich der Funktion liegen, d.h., F muß das Intervall I in sich abbilden. Ist diese Voraussetzung erfüllt, so kann man folgendes **Iterationsschema** verwenden:

x_0 sei beliebig aus dem Intervall I

(3) $x_{j+1} = F(x_j)$ für $j = 0, 1, \ldots$.

Es erhebt sich die Frage, wann ein solches Iterationsschema konvergiert. Eine sehr einfache und allgemeine Auskunft gibt der

Satz 1: *Sei F(x) eine stetige Abbildung des Intervalles I in sich, I sei abgeschlossen. Gibt es für eine Iterationsfolge* $x_0, x_1, x_2, \ldots$ *Zahlen* $c_j \geq 0$ *mit* $\sum c_j < \infty$ *derart, daß* $|x_{j+1} - x_j| \leqq c_j$ *für* $j = 0, 1, 2, \ldots$ *gilt, so besitzt die Funktion F einen Fixpunkt, und dieser läßt sich iterativ bestimmen. Insbesondere konvergiert für den Startwert* x_0 *die erhaltene Iterationsfolge gegen einen Fixpunkt.*

Beweis: Im vorliegenden eindimensionalen Fall kann man sich eines geometrischen Beweises für die Existenz eines Fixpunktes bedienen, man braucht nur die Figur 3.1 zu betrachten.

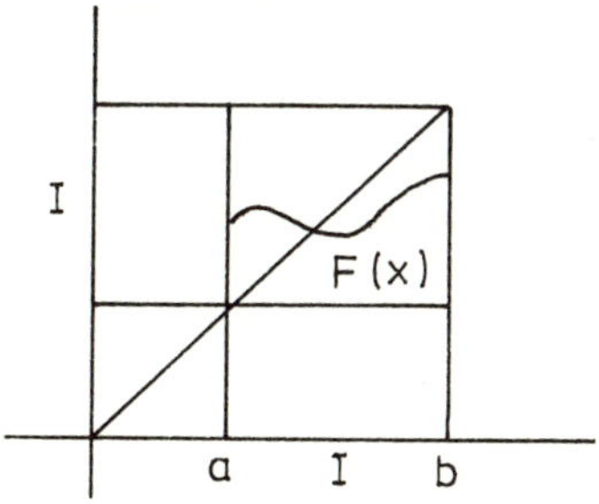

Figur 3.1

Aus ihr folgt nämlich, daß am linken Endpunkt a des Intervalls für den Funktionswert $F(a) \geqq a$ und am rechten Ende $F(b) \leqq b$ gelten muß, der Graph der stetigen Funktion F(x) schneidet also die Gerade $y = x$ in wenigstens einem Punkt. Für den Existenzbeweis wird also nur benutzt, daß F das Intervall I stetig in sich abbildet.

Wir wollen indes hier einen zweiten Beweis geben, der sich auf mehrere Dimensionen und abstrakte Räume übertragen läßt:

Die Iterationsfolge $\{x_i\}$ stellt eine Cauchy-Folge dar, d.h., zu jedem $\varepsilon > 0$ kann man ein $n(\varepsilon)$ derart bestimmen, daß $|x_j - x_k| < \varepsilon$ für $j, k \geqq n(\varepsilon)$ gilt. Für diesen Zweck braucht man nämlich nur $n(\varepsilon)$ so zu wählen, daß $\sum_{n+1}^{\infty} c_j < \varepsilon$ gilt, da hieraus dann die Abschätzung

$$(4) \quad |x_j - x_k| \leqq \sum_{i=j}^{k-1} |x_{i+1} - x_i| \leqq \sum_{i=j}^{\infty} c_i < \varepsilon, \qquad (\text{O.B.d.A. } k > j),$$

folgt, womit die Behauptung verifiziert ist. Weil ein abgeschlossenes Intervall alle Häufungspunkte seiner Folgen enthält, gibt es ein x^*, das Grenzwert der Folge $\{x_i\}$ ist. Aus der Stetigkeit der Funktion $F(x)$ und der Konvergenz $x_j \to x^*$ für $i \to \infty$ folgt dann die Konvergenz $F(x_i) \to F(x^*)$ und aus $F(x_i) = x_{i+1}$ schließlich die Gleichung $F(x^*) = x^*$. ■

Für spätere Zwecke beachten wir, daß im ersten Schritt des Beweises nur die Dreiecksungleichung und die Vollständigkeit eines abgeschlossenen Intervalls der reellen Zahlen, im zweiten Schritt die Stetigkeit der Funktion benutzt worden ist. Man kann also den Beweis auch in solchen Räumen führen, die diese Eigenschaften besitzen bzw. die Stetigkeit zu definieren gestatten.

Die übliche Formulierung des Fixpunktsatzes beruht auf dem Kontraktionsprinzip.

Satz 2: *(Kontraktionssatz)*
Es sei $F(x)$ *im abgeschlossenen Intervall I kontrahierend, d.h., es gibt eine Konstante* $k \in [0, 1)$ *mit*

$$(5) \quad |F(x) - F(y)| \leqq k \cdot |x - y| \text{ für jedes Paar } x, y \in I,$$

und F bilde das Intervall I in sich ab. Dann gibt es einen eindeutig bestimmten Fixpunkt.

Der **Beweis** dieses Satzes soll aus dem vorhergehenden Satz gefolgert werden. Zunächst kann man aus der Kontraktionseigenschaft auf die Stetigkeit der Funktion schließen, mit dem Zusammenrücken zweier Punkte wird ja offenbar auch die Differenz der Funktionswerte klein. Entscheidend ist die Auswahl der Zahlen c_i. Hat man von einem beliebigen $x_0 \in I$ ausgehend eine Iterationsfolge erstellt, so gilt

$$(6) \quad |x_{j+1} - x_j| \doteq |F(x_j) - F(x_{j-1})| \leqq k^1 \cdot |x_j - x_{j-1}| \leqq \dots \leqq k^j |x_1 - x_0|,$$

wie man leicht durch Induktion einsehen kann. Die bei den Iterationsverfahren häufig verwendete Anfangsschrittweite werde mit

$$a = |x_1 - x_0| = |F(x_0) - x_0|$$

bezeichnet. Aufgrund der bekannten Summenformel einer geometrischen Reihe erhält man dann aus

$$c_j := k^j \cdot a$$

die Gleichung

$$\sum_{j=0}^{\infty} c_j = \frac{a}{1-k}.$$

Damit sind alle Voraussetzungen von Satz 1 verifiziert, und die Existenzaussage des Satzes 2 ist bewiesen. Der Eindeutigkeitsbeweis wird in einem allgemeineren Falle beim Satz 3 gegeben, er ist sehr einfach. ■

Bemerkung: Ist die Funktion $F(x)$ in I differenzierbar, so kann man für k jede in I gültige obere Schranke für den Betrag $|F'(x)|$ verwenden, sofern diese kleiner als 1 ist. (Vgl. Aufgaben)
Auch wenn die Voraussetzungen des Kontraktionssatzes nicht erfüllt sind, kann das Iterationsverfahren (3) konvergieren, man vergleiche dazu Beispiel 2 mit $I = [1, 2]$ am Ende dieses Abschnitts.

Die folgenden Ausführungen knüpfen an den obigen Hinweis auf Verallgemeinerungsmöglichkeiten an. In der Mathematik wird heute versucht, mit möglichst einfachen Voraussetzungen auszukommen. Die vorangehenden Überlegungen lassen sich bereits dann formulieren, wenn man in einem **vollständigen metrischen Raume** arbeitet. Die abstrakte Mathematik nennt eine Menge $\mathfrak{R}$ von Elementen $(x, y, z, \ldots)$ einen metrischen Raum, wenn für Paare dieser Elemente, auch Punkte genannt, ein Abstand, d. h. eine Funktion d erklärt ist, die je zwei beliebigen Elementen x und y eine reelle Zahl $d(x, y)$ zuordnet und folgende Eigenschaften besitzt:

1. Der Abstand $d(x, y)$ ist genau dann 0, wenn x und y identisch sind.
2. Für drei Elemente gilt die sogenannte Dreiecksungleichung

$$(7) \qquad d(x, y) \leqq d(x, z) + d(y, z).$$

Setzt man in (7) $y = x$, so sieht man, daß d keine negativen Werte annehmen kann. Wie bei den reellen Zahlen nennt man eine Folge $\{x_j\}$ von Elementen aus $\mathfrak{R}$ eine Cauchy-Folge, wenn

$$(8) \qquad \lim_{\substack{j \to \infty \\ k \to \infty}} d(x_j, x_k) = 0$$

gilt. Einen Raum, in dem jede Cauchy-Folge einen Limes $x^* \in \mathfrak{R}$ hat, d. h. $\lim\limits_{j \to \infty} d(x_j, x^*) = 0$, nennt man auch **vollständig.**

Mit diesen Definitionen kann man nun die allgemein bekannte Formulierung des Kontraktionssatzes in vollständigen metrischen Räumen geben.

Satz 3: *Es sei F eine Abbildung eines vollständigen metrischen Raumes $\mathfrak{R}$ in sich und kontrahierend, d.h., es gelte*

$$(9) \qquad d\big(F(x), F(y)\big) \leqq k \cdot d(x, y) \qquad \textit{mit festem } k \in [0, 1) \textit{ für jedes beliebige Paar } x, y \in \mathfrak{R}.$$

Dann gibt es in $\mathfrak{R}$ einen Fixpunkt von F, und dieser ist eindeutig bestimmt.

Beweis: Wie wir bereits anmerkten, läßt sich der obige Existenzbeweis wörtlich übertragen, wenn man $|x - y|$ durch $d(x, y)$ ersetzt. Es ist deshalb nur noch der Eindeutigkeitsbeweis nachzuholen. Angenommen, es seien x und y zwei Fixpunkte, d. h., $x = F(x)$ und $y = F(y)$. Dann hat man unter Benutzung der Kontraktionseigenschaft

$$d(x, y) = d\big(F(x), F(y)\big) \leqq k \cdot d(x, y) \quad \text{also}$$
$$(1 - k) \cdot d(x, y) \leqq 0 \text{ und wegen } k < 1 \text{ ist } d(x, y) = 0.$$

Daraus folgt mit der ersten Eigenschaft des Abstandes die Gleichung $x = y$ und damit die behauptete Eindeutigkeit. ∎

Man sieht, daß die wesentliche Eigenschaft jeweils der Nachweis der Kontraktion sein wird, in der Regel ist dies eine verhältnismäßig leichte Aufgabe. Die Vollständigkeit ergibt sich meist aus der Struktur des Raumes ohne große Schwierigkeiten.

Die hier eingeführte Allgemeinheit werden wir im folgenden allerdings nirgends nutzen, vielmehr werden stets normierte lineare Räume über den reellen oder komplexen Zahlen behandelt. In Verallgemeinerung des Längenbegriffes ist die **Norm** eine reellwertige Funktion, meist schreibt man $\|x\|$, mit folgenden Eigenschaften:

1. $\|x\| = 0$ gilt genau dann, wenn $x = 0$ ist.
2. Es gilt die Dreiecksungleichung $\|x + y\| \leqq \|x\| + \|y\|$ und

(10) 3. die Homogenität $\|\lambda x\| = |\lambda| \cdot \|x\|$ für beliebige reelle oder komplexe Zahlen λ und beliebige Elemente x des zugrundeliegenden normierten linearen Raumes.

Ein **Beispiel** eines normierten Raumes bilden die Vektoren der Ebene oder des Raumes, wenn man ihre Länge durch die euklidische Länge definiert. Man kann einem Vektor x mit den Komponenten $x_1, \ldots, x_n$ aber auch eine Norm zuordnen durch die Vorschrift

$$(11) \quad \|x\| := \max_{1 \leqq j \leqq n} |x_j|.$$

In einem normierten linearen Raum läßt sich ein Abstand $d(x, y)$ zwischen zwei Punkten x und y durch die Norm der Differenz $\|x - y\|$ definieren. Es sei dem Leser überlassen, zu verifizieren, daß bei dieser Definition aus den Axiomen der Norm die Gültigkeit der Axiome des Abstandsbegriffes folgt.

Die angegebenen Fixpunktsätze sind konstruktiv, denn sie gestatten, die Lösung einer Gleichung (eines Gleichungssystems) durch eine Iteration beliebig genau zu bestimmen, es bleibt nur zu entscheiden, wann der Prozeß abgebrochen werden kann.

Man denke sich eine Anzahl i von Iterationsschritten durchgeführt. Dann möchte man den Abstand zwischen der erhaltenen Näherungslösung x_i und dem unbekannten Grenzelement abschätzen.

Satz 4: *(Fehlerabschätzung)*
Unter den Voraussetzungen von Satz 1 gilt für jenen Fixpunkt x^* von F in I, der Grenzwert der Iterationsfolge $\{x_j\}$ ist, die Abschätzung

$$(12) \quad |x^* - x_i| \leqq \sum_{j=i}^{\infty} c_j =: K(x_i) .$$

Beweis: Nach (4) ist zunächst

$$|x_j - x_i| \leqq K(x_i)$$

für jedes $j = i, i+1, \ldots$. Diese Beziehung muß auch für den Grenzpunkt x^*

der Folge $\{x_j\}$ gelten. Denn man hat

$$|x^* - x_i| \leqq |x_j - x_i| + |x^* - x_j| \leqq K(x_i) + |x^* - x_j|$$

und für $j \to \infty$ folgt daraus die Behauptung. ■

Unter den Voraussetzungen des Kontraktionssatzes kann man die Fehlerschranke etwas genauer beschreiben. Praktisch wird man immer erst eine Anzahl Iterationen durchgeführt haben, ehe man den Fehler abschätzt und die Iteration abbricht, es gilt dann nach i Iterationsschritten

$$(13) \quad |x^* - x_i| \leqq \sum_{j=i}^{\infty} |x_{j+1} - x_j| \leqq \sum_{n=1}^{\infty} k^n |x_i - x_{i-1}| = \frac{|x_i - x_{i-1}|}{1-k} k$$

und gemäß (6)

$$(14) \quad |x^* - x_i| \leqq \frac{k^i \cdot |x_1 - x_0|}{1-k},$$

wobei jedoch die zweite Abschätzung bereits eine Vergröberung darstellt, so daß man die erste Abschätzung vorzieht, weil der Abstand zwischen x_i und x_{i-1} ohnehin numerisch zur Verfügung steht. Darüberhinaus ist auch die Abschätzung (13) oft grob, wenn k nahe bei 1 liegt. Der Nenner $1 - k$ bewirkt dann eine übertriebene Vergrößerung. Es gibt jedoch auch Fälle, in denen die Abschätzung scharf ist.

Durch diese Überlegungen wird allein der **Abbruchfehler** abgeschätzt. Es ist beim Iterationsverfahren aber sogar möglich, zusätzlich den Rundungsfehler zu kontrollieren; darauf wird im nächsten Abschnitt eingegangen.

Beispiele:

1. Zu lösen sei die Gleichung $x = 1 + 0.9x \equiv F(x)$. Die Lösung ist offenbar $x^* = 10$. Wenn man iterativ vorginge, etwa mit $x_0 = 0$, so bekäme man die folgende Tabelle:

i	0	1	2	3	4
x_i	0	1	1.9	2.71	3.439
$x^* - x_i$	10	9	8.1	7.29	6.661

Offensichtlich ist die Kontraktionszahl $k = 0.9$. Man kann den Fehler exakt durch eine geometrische Reihe erfassen und nicht nur abschätzen. Dies zeigt, daß die Abschätzung (13) im allgemeinen nicht verbessert werden kann. Die Konvergenz ist in diesem Beispiel allerdings außerordentlich langsam, so daß es sich in einem praktischen Falle verbieten würde, das Iterationsverfahren zur Erzielung hoher Genauigkeit heranzuziehen.

2. Es soll $\sqrt{3}$ berechnet werden. Für positive a kann man zur Berechnung von $\sqrt{a}$ den folgenden Algorithmus verwenden. Auf seine Konstruktion wird beim Newton'schen Verfahren eingegangen.

Iterationsschema:

$$x_0 = 1$$

$$x_{j+1} = \frac{1}{2}(x_j + \frac{a}{x_j})$$

Die Tabelle für $a = 3$ ist

i	x_i	$x_{i+1} - x_i$	exakter Fehler $\sqrt{3} - x_i$	Fehlerabschätzung nach (13) und (14) (beginnend mit $x_0 = 2$)	
0	1	1	0.7320508076	—	—
1	2	−0.25	−0.2679491924	—	—
2	1.75	−0.0178575516	−0.0179491924	0.05	0.05
3	1.7321424484	−0.0000925064	−0.0000916409	0.0036	$0.008\overline{3}$
4	1.7320499420		0.0000008656	0.0000185	$0.001\overline{38}$

Dieses Beispiel zeigt eine wesentlich bessere Konvergenz als das erste. Hier wird man also auch für die praktischen Anwendungen gern das iterative Schema verwenden.

Wenn das vorhergehende Beispiel zeigte, daß die Fehlerabschätzung (13) scharf ist, so ist hier zu sehen, daß es Fälle gibt, in denen die Formel den Fehler stark überschätzt. Man kann nachweisen, daß $F(x) = \frac{1}{2}(x + \frac{3}{x})$ das Intervall $[1.5, 2]$ in sich abbildet mit einer Kontraktionskonstanten $k = \frac{1}{6}$. Damit liefern die Formeln (13) und (14) die in den beiden rechten Spalten der Tabelle aufgeführten Werte als Abschätzung für den Fehler, sie machen deutlich, daß (13) wesentlich schärfer ist.

2. Berücksichtigung von Rundungsfehlern beim Iterationsverfahren

Meist wird die durch theoretische Überlegungen ermittelte und gegebene Funktion $F(x)$, für die ein Fixpunkt zu bestimmen ist, in der Rechenanlage nicht exakt darstellbar sein, sondern nur durch eine Funktion $G(x)$ realisiert werden können, von der man weiß, daß ihre Abweichung von F im betrachteten beschränkten Intervall I des gemeinsamen Definitionsbereiches unterhalb einer bekannten Schranke ε_1 liegt, d. h.

(15) $|F(x) - G(x)| \leqq \varepsilon_1$

gilt. Dieses Maß für die Güte der Darstellung von F durch G hängt im wesentlichen von der Maschinengenauigkeit bei arithmetischem Rechnen ab.

Man muß sich vor Augen halten, daß $G(x)$ nicht einmal stetig sein wird. Denn für alle x, die in der Rechenanlage beim Abrunden durch die gleiche Zahl $\tilde{x}$ dargestellt werden, wird $G(x)$ den gleichen Wert, nämlich $G(\tilde{x})$ haben, d. h., G ist eine Treppenfunktion.

Bemerkenswert ist, daß man trotzdem beim Iterationsverfahren, das also mit G statt F durchgeführt wird, unter der Voraussetzung, daß G das Intervall I in sich abbildet, Fehlerabschätzungen bekommen kann, die die Rundungsfehler einschließen.

Ist F kontrahierend, bilden F und G das Intervall I in sich ab und gilt (15), so liegen nach einigen Iterationen, ausgehend von $y_0 = x_0 \in I$, auch die mit G erhaltenen Werte y_i in der Nähe des Fixpunktes von F, wie sich im folgenden herausstellt. Allerdings braucht G keinen Fixpunkt zu besitzen, sondern es können Grenzzyklen auftreten. Im einfachsten Fall kann es etwa so sein, daß der Fixpunkt x^* von F bei der benutzten Arithmetik nicht in der Rechenanlage darstellbar ist, sondern zwischen zwei Maschinenzahlen x^- und x^+ liegt, und die Iteration auf

$$x^- = G(x^+) \text{ und } x^+ = G(x^-)$$

führt.

Es gibt aber auch Fälle, in denen ein Zyklus von mehreren Zahlen bei der Abbildung durch G wiederholt wird.

$$x^{(1)} \xrightarrow{G} x^{(2)} \xrightarrow{G} \ldots \; x^{(m)} \xrightarrow{G} x^{(1)}$$

Da das Intervall I nur endlich viele in der Maschine darstellbare Zahlen enthält, so muß jede Iteration mit G, da I in sich abgebildet wird, in einen Zyklus einmünden.

Beispiel: Die Rechenmaschine gestatte nur ein Rechnen mit ganzen Zahlen, arithmetische Ausdrücke mögen von ihr unter Einhaltung der üblichen Klammerregeln und der Rangfolge der Rechenoperationen von links nach rechts abgearbeitet werden, wobei nach jeder Division das Ergebnis zu einer ganzen Zahl gerundet wird und Potenzierungen in der bekannten Weise auf Multiplikationen bzw. bei negativem Exponent auf Multiplikationen und anschließende Division zurückgeführt werden. Mit ihrer Hilfe sei der Fixpunkt der Funktion

$$\bar{F}(x) = \left(\frac{3}{(x-2)^2+1}\right)^{\frac{4-x}{4}}$$

im Intervall $[-2, +5]$ zu berechnen. Die Funktion ist dort kontrahierend, ihre Darstellung $\bar{G}(x)$ in der Rechenmaschine zeigt die folgende Tabelle, die der Leser leicht verifizieren wird.

x	−2	−1	0	1	2	3	4	5
$\bar{G}(x)$	0	0	1	2	3	1	1	1
$\bar{F}(x)$	0.07	0.22	0.60	1.36	1.73	1.11	1.00	1.35

Man sieht sofort, daß $\bar{G}$ die Zahlen $x^{(1)} = 1$, $x^{(2)} = 2$, $x^{(3)} = 3$ in der Umgebung des Fixpunktes $x^* \approx 1.8$ von $\bar{F}$ zyklisch aufeinander abbildet.

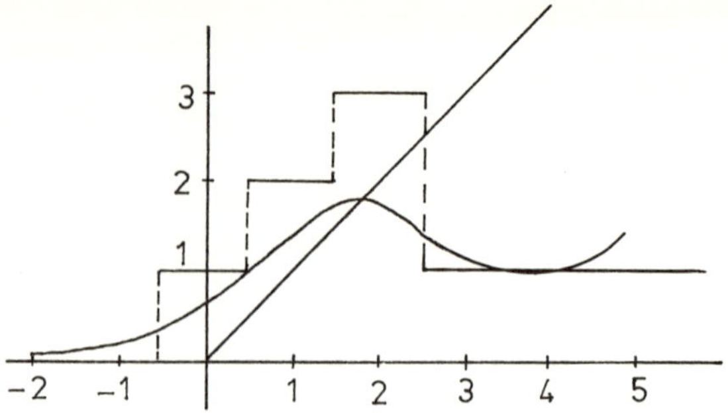

Figur 3.2

Definiert man die Iterierten von F, geschrieben F^j, induktiv durch

$$F^{j+1}(x) = F(F^j(x)), \qquad j = 1, 2, \ldots$$

und analog $G^j(x)$, so hat also im obigen Falle $G^m(x)$ sicherlich einen Fixpunkt. Ist das Intervall I beschränkt und abgeschlossen, so kann man wegen (15) auch für die Abweichungen zwischen den Iterierten gleichmäßige Schranken finden. Sei etwa

$$|F^j(x) - G^j(x)| \leqq \varepsilon_j.$$

Ist F kontrahierend mit der Kontraktionskonstanten k, so ist

(16) $$\varepsilon_j \leqq \frac{1-k^j}{1-k}\,\varepsilon_1.$$

Denn bei vollständiger Induktion von $j=1$ aus ergibt sich für $j>1$

$$\begin{aligned} |F^j(x) - G^j(x)| &\leqq |F(F^{j-1}(x)) - F(G^{j-1}(x))| + \\ &\qquad |F(G^{j-1}(x)) - G(G^{j-1}(x))| \\ &\leqq k \cdot \varepsilon_{j-1} + \varepsilon_1 \leqq \frac{k-k^j}{1-k} \cdot \varepsilon_1 + \varepsilon_1 \leqq \frac{1-k^j}{1-k} \cdot \varepsilon_1. \end{aligned}$$

Nach diesen Vorüberlegungen kann für kontrahierende Abbildungen die Frage der Fehlerabschätzung beantwortet werden durch

Satz 5: *Im abgeschlossenen Intervall* I *sei* F (x) *mit k kontrahierend.* G (x) *wie* F (x) *bilde* I *in sich ab und es gelte* (15). *Dann besteht die Abschätzung*

$$|x^* - y^*| \leqq \frac{\varepsilon_1}{1-k},$$

wobei x^* *der Fixpunkt von* F (x) *in* I *ist und* y^* *der von* G (x) *oder irgendeine Zahl aus einem Grenzzyklus von* G (x) *ist.*

Beweis: Es sei m die Länge des Grenzzyklus von G, also $m=1$, falls G einen Fixpunkt besitzt. Aus $x^* = F^m(x^*)$ und $y^* = G^m(y^*)$ folgt

$$\begin{aligned} |x^* - y^*| &\leqq |F^m(x^*) - F^m(y^*)| + |F^m(y^*) - G^m(y^*)| \\ &\leqq k^m |x^* - y^*| + \varepsilon_m. \end{aligned}$$

Mit der Formel (16) ergibt sich hieraus

$$|x^* - y^*| \leqq \frac{1}{1-k^m} \cdot \varepsilon_m \leq \frac{1}{1-k} \cdot \varepsilon_1 . \quad \blacksquare$$

Satz 6: *Unter den Voraussetzungen des vorhergehenden Satzes gilt für eine beliebige Zahl* y_{j+1} *aus der mit G gewonnenen Iterationsfolge die Abschätzung*

$$|x^* - y_{j+1}| \leqq \frac{1}{1-k} [k \cdot |y_{j+1} - y_j| + \varepsilon_1] .$$

Beweis: Es ist

$$\begin{aligned} |x^* - y_{j+1}| &\leqq |F(x^*) - F(y_j)| + |F(y_j) - G(y_j)| \\ &\leqq \frac{k}{1-k} |F(y_j) - y_j| + \varepsilon_1 \\ &\leqq \frac{k}{1-k} [|G(y_j) - y_j| + |F(y_j) - G(y_j)|] + \varepsilon_1 \\ &\leqq \frac{k}{1-k} (|y_{j+1} - y_j| + \varepsilon_1) + \varepsilon_1 . \quad \blacksquare \end{aligned}$$

Man kann auch jetzt die Voraussetzung der Kontraktion etwas abschwächen und ähnliche Voraussetzungen wie bei Satz 1 dafür einsetzen.

Satz 7: I *sei ein abgeschlossenes Intervall, die Funktion* $F(x)$ *sei stetig.* $F(x)$ *und* $G(x)$ *bilden* I *in sich ab und es gelte in* I *die Abschätzung* (15). *Es gebe eine Folge* $\{\tilde{c}_j\}$ *mit* $\sum \tilde{c}_j < \infty$ *und eine für* $t \geqq 0$ *monoton wachsende Funktion* $d(t) \geq 0$, *so daß für jedes beliebige* $x_0 \in I$ *die mit* F *gebildete Iterationsfolge* $x_0, x_1, \ldots$ *einer Abschätzung*

$$|x_{j+1} - x_j| \leqq d(|x_1 - x_0|) \cdot \tilde{c}_j \quad \textit{genügt.}$$

Dann gilt für eine beliebige Zahl y_{j+1} *aus einer mit G gewonnenen Iterationsfolge die Abschätzung*

$$|x^* - y_{j+1}| \leqq d(|y_{j+1} - y_j| + \varepsilon_1) \sum_{k=0}^{\infty} \tilde{c}_k + \varepsilon_1 ,$$

wobei x^* *ein Fixpunkt von F ist.*

Beweis: Mit $z_0 = y_j$ beginnend werde durch F die Iterationsfolge $z_0, z_1, \ldots$ erzeugt. Weil F die Voraussetzungen von Satz 1 erfüllt, konvergiert diese Folge gegen einen Fixpunkt x^* von F. Deshalb gilt

$$\begin{aligned} |x^* - y_{j+1}| &= |F(x^*) - G(y_j)| \\ &\leqq |F(x^*) - F(y_j)| + |F(y_j) - G(y_j)| \\ &\leqq \sum_{k=0}^{\infty} |z_{k+1} - z_k| + \varepsilon_1 \\ &\leqq d(|z_1 - z_0|) \cdot \sum_{k=0}^{\infty} \tilde{c}_k + \varepsilon_1 \\ &\leqq d(|y_{j+1} - y_j| + \varepsilon_1) \sum_{k=0}^{\infty} \tilde{c}_k + \varepsilon_1 . \quad \blacksquare \end{aligned}$$

Ist F kontrahierend, so folgt hieraus mit $d(t) = k \cdot t$ und $\tilde{c}_j = k^j$ die Aussage von Satz 6.

3. Die Konvergenzordnung

Bei den beiden am Ende von Abschnitt 1 ausgeführten Beispielen von Iterationsverfahren fiel die unterschiedliche Güte ihrer Konvergenz auf. Um diese Verhaltensweise verschiedener Konvergenzgeschwindigkeit mathematisch zu erfassen, wird ein besonderer Begriff definiert, die Konvergenzordnung.

Definition: *Es sei* $\{x_j\}$ *eine Folge reeller Zahlen mit* $x_j \to x^*$. *Man sagt, diese Folge konvergiert von der Ordnung p gegen* x^*, *wenn gilt*

$$(17) \quad \overline{\lim_{j\to\infty}} \frac{x_{j+1} - x^*}{(x_j - x^*)^p} = c$$

$$mit \begin{cases} |c| < 1 & \text{für } p = 1 \ \textit{(man spricht von linearer Konvergenz)} \\ |c| < \infty & \text{für } p > 1 \ \textit{(superlineare Konvergenz).} \end{cases}$$

Man bezeichnet c auch als den asymptotischen Fehlerkoeffizienten.
Ist $p = 2$, *so nennt man die Konvergenz quadratisch, für* $p = 3$ *kubisch.*

Betrachtet man unter diesem Aspekt die Beispiele von Iterationsfolgen im Abschnitt 1, so kommt man zu folgendem Ergebnis:

1. Der Kontraktionssatz liefert eine (mindestens) linear konvergierende Folge, denn ist x^* der Fixpunkt von $F(x)$, so gilt

$$\frac{|x_{j+1} - x^*|}{|x_j - x^*|} \leqq k.$$

Daraus folgt $|c| \leqq k$.

2. Zur Bestimmung der Ordnung des Verfahrens zur Quadratwurzelberechnung im Beispiel 2. von Abschnitt 1 setze man

$$x_j := \Delta_j + \sqrt{a}.$$

Aus der Iterationsvorschrift

$$x_{j+1} = \frac{1}{2}(x_j + \frac{a}{x_j})$$

erhält man

$$\Delta_{j+1} + \sqrt{a} = \frac{1}{2}(\Delta_j + \sqrt{a} + \frac{a}{\Delta_j + \sqrt{a}})$$

und nach Subtraktion von $\sqrt{a}$ schließlich

$$\Delta_{j+1} = \frac{1}{2}\left[(\Delta_j - \sqrt{a}) + \frac{a}{\Delta_j + \sqrt{a}}\right] = \frac{\Delta_j^2}{2(\Delta_j + \sqrt{a})}.$$

Die Genauigkeit wächst also hier quadratisch an,

$$\frac{\Delta_{j+1}}{(\Delta_j)^2} = \frac{1}{2(\Delta_j + \sqrt{a})}$$

bleibt beschränkt. Der asymptotische Fehlerkoeffizient ist $c = \frac{1}{2(\sqrt{a})}$, und man sieht, daß bei einem c, das in der Größenordnung von 1 liegt oder kleiner ist, bei jedem Iterationsschritt die Anzahl der hinter dem Komma stehenden Nullen des Fehlers etwa verdoppelt wird. Dies zeigte auch das numerische Beispiel.

Ein erfahrener Numeriker wird aus einer numerisch gegebenen Zahlenfolge bereits eine ziemlich gute Vorhersage über deren Konvergenzordnung ableiten können. Diese Schätzung ersetzt natürlich in keiner Weise den exakten Nachweis der Ordnung eines Verfahrens, stimuliert aber häufig die theoretische Untersuchung.

Natürlich wünscht man sich Verfahren von hoher Konvergenzordnung. Wir wenden uns deshalb hier und in späteren Abschnitten der Frage zu, wie solche Verfahren zu konstruieren sind.

Eine Möglichkeit ist die **Konvergenzverbesserung nach Aitken** (δ^2-Prozeß). Diese kann man anwenden, wenn man von einer Folge x_j bereits weiß, daß sie linear gegen ihren Grenzwert x^* konvergiert und daß der Grenzwert

$$\lim_{j \to \infty} \frac{x_{j+1} - x^*}{x_j - x^*} = c, \quad c \neq 0$$

existiert. Mit Größen d_j, die gegen 0 streben für $j \to \infty$, gilt dann

$$x_{j+1} - x^* = (c + d_j)(x_j - x^*).$$

Allerdings sind die Größen c und x^* unbekannt, also aus dieser einen Gleichung nicht zu ermitteln. Man kann jedoch eine zweite Gleichung hinzuziehen, etwa die entsprechende für $x_j - x^*$, und eine Verbesserung dieses Verfahrens dadurch versuchen, daß man die d_j vernachlässigt, (d. h. $d_j = 0$ setzt), aus den resultierenden Gleichungen c eliminiert und nach x^* auflöst. Dies ergibt als neuen Wert

$$x^*_{j+1} = \frac{x_{j+1} \cdot x_{j-1} - x_j^2}{x_{j+1} - 2x_j + x_{j-1}}.$$

$$= x_{j+1} + \frac{c}{1-c}(x_{j+1} - x_j) \text{ mit } c = \frac{x_{j+1} - x_j}{x_j - x_{j-1}}.$$

Wenn lineare Konvergenz herrscht, kann man zeigen, daß die Differenzen $(x^*_{j+1} - x^*)$ schneller gegen 0 gehen als $(x_{j+1} - x^*)$, also eine echte Konvergenzverbesserung eingetreten ist.

4. Das Newtonsche Verfahren

In diesem und den nächsten Abschnitten werden Verfahren zur Nullstellenbestimmung einer Funktion f (x) dargestellt werden.

Es sei f (x) eine zunächst wenigstens einmal stetig differenzierbare Funktion, die im Intervall I eine Nullstelle x^* habe.

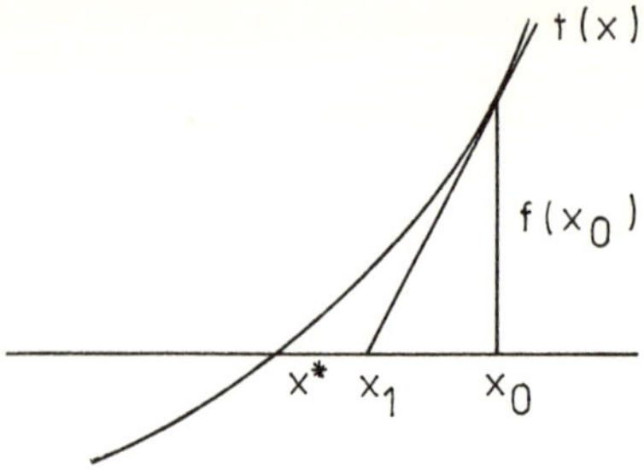

Figur 3.3

Von einem Schätzwert x_0 ausgehend, soll eine bessere Näherung x_1 gefunden werden. Dies kann geschehen durch Anlegen der Tangente in $(x_0, f(x_0))$ und Bestimmung des Schnittpunktes der Tangente mit der x-Achse, d.h., man ersetzt den Graphen der Funktion $f(x)$ durch eine Gerade. Wie man aus der Zeichnung ablesen kann, hat die Änderung den Wert $-f(x_0)/f'(x_0)$. Um diesen Wert muß man also x_0 ändern, um zu x_1 zu gelangen. Dieses Verfahren kann man wiederholen, wir verallgemeinern es daher zu folgendem
Iterationsschema (Newtonsches Verfahren):

(18) $x_{j+1} = G(x_j)$ mit $G(x) := x - \dfrac{f(x)}{f'(x)}$.

Man nennt G eine **Iterationsfunktion** für die Fixpunktbestimmung. Um zu beurteilen, wie gut das Newtonsche Verfahren ist, bestimmt man seine Konvergenzordnung. Dazu versucht man, die Abweichung zwischen x_1 und x^*, der Nullstelle, mit Hilfe der vorhergehenden Abweichung $x_0 - x^*$ auszudrücken. Unter Berücksichtigung der Tatsache, daß $f(x^*) = 0$ ist, erhält man die folgende Beziehung

$$\begin{aligned} x_1 - x^* &= x_0 - x^* - \frac{f(x_0)}{f'(x_0)} \\ \text{(19)} \qquad &= \frac{f(x^*) - f(x_0) + (x_0 - x^*)f'(x_0)}{f'(x_0)} \\ &= \frac{(x_0 - x^*)^2 \cdot f''(x_0^*)}{2 \cdot f'(x_0)}, \quad x_0^* \text{ zwischen } x^* \text{ und } x_0. \end{aligned}$$

Dabei haben wir, und wollen dies auch im folgenden tun, vorausgesetzt, daß f so oft differenzierbar ist, wie es bei unseren, hier ja zunächst heuristischen Überlegungen gebraucht wird. Die Formel läßt folgende Interpretation zu: da man mit $(x_0 - x^*)^2$ dividieren kann und der verbleibende Faktor bei einer zweimal in der Umgebung der Nullstelle stetig differenzierbaren Funktion beschränkt bleibt, wenn $f'(x)$ nicht verschwindet, so gilt

(20) $\lim\limits_{j \to \infty} \dfrac{x_{j+1} - x^*}{(x_j - x^*)^2} = + \dfrac{f''(x^*)}{2f'(x^*)}$.

In der Umgebung einer einfachen Nullstelle konvergiert das Newtonsche Verfahren mithin quadratisch. Der asymptotische Fehlerkoeffizient wird durch $\frac{f''(x^*)}{2f'(x^*)}$ gegeben.

Folgerungen:

1. Aufgrund der Formel (19) erhält man eine Aussage über das Vorzeichen des Fehlers, wenn man die Vorzeichen von f' und f'' kennt. Bei einer Funktion mit $f'' > 0$ und $f' > 0$, d.h., wenn die Funktion konvex ist und monoton wächst, wird man die Nullstelle durch das Newtonsche Verfahren stets überschätzen, d.h., es gilt $x^* \leqq x_i$ für $j = 1, 2, \ldots$.
2. Aus der Formel (19) läßt sich auch dann noch eine Aussage über die Konvergenzordnung machen, wenn $f'(x^*)$ verschwindet. Sei $f''(x^*) \neq 0$. Man schreibt

$$(21) \quad x_{j+1} - x^* = \frac{1}{2}(x_j - x^*) \cdot \frac{(x_j - x^*) \cdot f''(x_j^*)}{f'(x_j)}$$

und sieht, daß der Bruch für $j \to \infty$ gegen den Wert 1 strebt. Man bekommt deshalb in diesem Falle, wie man durch Division mit $x_j - x^*$ sehen kann, lineare Konvergenz mit dem asymptotischen Fehlerkoeffizienten $\frac{1}{2}$. Wir werden später sehen, wie man auch für eine doppelte Nullstelle und allgemeiner für eine m-fache Nullstelle zu quadratischer Konvergenz kommen kann.

Um zu erkennen, welche Schwierigkeiten beim Newtonschen Verfahren auftreten können, betrachte man etwa die folgenden Skizzen, in denen Funktionen

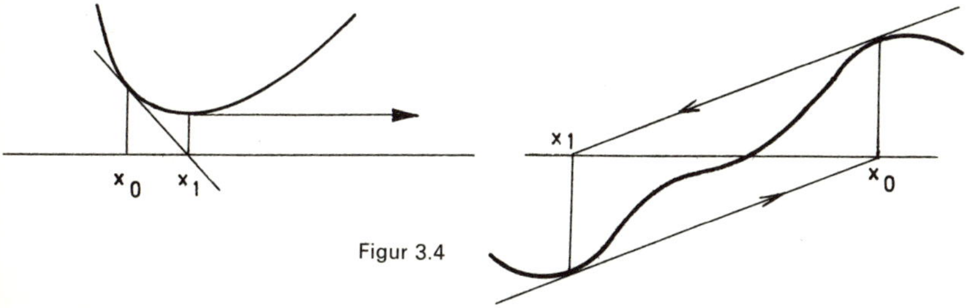

Figur 3.4

und Startwerte gezeichnet sind, für die das Newtonsche Verfahren nicht konvergiert. Die Verhältnisse im rechten Bild sind besonders unangenehm, da eine Nullstelle in der Nähe der Punkte x_0, x_1 liegt.

Eine Anwendung des Newtonschen Verfahrens auf die Funktion

$$f(x) \equiv x^2 - a$$

ergibt die Iterantionsvorschrift

$$x_{j+1} = x_j - \frac{x_j^2 - a}{2x_j} = x_j - \frac{1}{2}(x_j - \frac{a}{x_j})$$

oder

$$x_{j+1} = \frac{1}{2}(x_j + \frac{a}{x_j})$$

Dieses Iterationsschema haben wir bereits früher zum Wurzelziehen verwendet. Es wird hier also als ein Newtonsches Verfahren erkennbar. Für die Handrechnung vorteilhafter ist die zweite Gleichung, da einfach der Mittelwert zweier Größen zu bilden ist. Die erstere Form eignet sich besser zur automatischen numerischen Berechnung, denn man sieht, daß die Größe $x_j - \frac{a}{x_j}$ gerade die Differenz zwischen der j-ten Näherung und dem gegebenen Wert a, dividiert durch die j-te Näherung, ist. Die Wurzel aus a muß zwischen diesen beiden Größen liegen. Außerdem ist diese Differenz nicht sehr groß und wird noch halbiert, so daß also x_j nur um einen kleinen Betrag abgeändert wird. Interessant ist auch, daß man beim Programmieren den Ausdruck $[x_j - \frac{a}{x_j}]$ gerade als Kenngröße für die Abfrage zum Abbruch des Iterationsverfahrens verwenden kann. Sie schätzt nämlich den auftretenden Fehler ab. Man sieht also, daß die früher als Beispiel für einen quadratisch konvergierenden Prozeß aufgeführte Folge von Zahlen zur Approximation von $\sqrt{3}$ gerade durch das Newtonsche Verfahren konstruiert werden kann.

Bemerkung: Man kann das Newtonsche Verfahren auch mehrdimensional durchführen. Formal erhält man die gleiche Formel, man hat nur x als einen Vektor und f(x) als eine vektorwertige Funktion zu interpretieren, f'(x) bezeichnet dann die Funktionalmatrix (gebildet aus den partiellen Ableitungen der Funktion). Die Division mit f'(x) ist zu ersetzen durch die Linksmultiplikation mit der Inversen dieser Funktionalmatrix. Man kann sie als Auflösung eines linearen Gleichungssystems deuten, dessen Koeffizientenmatrix durch die genannte Funktionalmatrix gegeben wird, während die rechte Seite gerade aus dem Vektor f(x) besteht.

5. Konvergenzbeschleunigung, Verfahren höherer Ordnung

Aus der Betrachtung des Restgliedes beim Newtonschen Verfahren folgt, daß das Verfahren von zweiter Ordnung ist und daß der Quotient

$$\frac{x_{j+1} - x^*}{(x_j - x^*)^2} \quad \text{gegen} \quad c = \frac{1}{2} \frac{f''(x^*)}{f'(x^*)}$$

konvergiert, wobei x^* die Nullstelle der Funktion f sein soll, gegen die die Folge x_j konvergiert. Wenn ein solcher Sachverhalt vorliegt, kann man versuchen, den Algorithmus noch weiter zu verbessern. Heuristisch kann man

$$x^* = x_{j+1} - c \cdot (x_j - x^*)^2$$

setzen. Leider ist x^* nicht bekannt, und man wird deshalb für die Differenz $x_j - x^*$ einen aus bekannten Größen zu ermittelnden Wert einsetzen. Es bietet sich wie früher $\frac{f(x_j)}{f'(x_j)}$ an. Natürlich ist das Ergebnis dieser Rechnung dann nicht genau x^*, wohl aber genauer als der bisherige Wert x_{j+1}. Man kann also eine neue Folge definieren, indem man etwa setzt

$$x_{j+1} = x_{j+1}^{alt} - \frac{1}{2}\frac{f''(x_j)}{f'(x_j)} \cdot \frac{f^2(x_j)}{(f'(x_j))^2}$$

und für x_{j+1}^{alt} noch den bereits durch das einfache Newtonsche Verfahren gegebenen Wert einsetzt. Das führt schließlich auf

$$x_{j+1} = x_j - \frac{f(x_j)}{f'(x_j)} - \frac{1}{2}\frac{f''(x_j) \cdot f^2(x_j)}{f'(x_j)^3}.$$

Wir werden sehen, daß es sich hier um ein Verfahren dritter Ordnung handelt. Zunächst soll diese Formel jedoch auf das vorhergehende Beispiel der Wurzelberechnung angewendet werden. Das zweite Korrekturglied hat hierbei die Form

$$\frac{\frac{1}{2} \cdot 2(x_j^2 - a)^2}{(2x_j)^3} = \frac{1}{8x_j}(x_j - \frac{a}{x_j})^2.$$

Für die Quadratwurzel aus $a = 3$ mit dem verbesserten Newtonschen Verfahren folgt, wenn man mit dem zweiten Wert unserer obigen Iteration

$$x_0 = 1.750\,000\,000$$

anfängt, als erste Korrektur

$$\frac{1}{56} = 0.017\,857\,143,$$

die zusätzliche Korrektur hat den Wert

$$\frac{1}{14 \cdot 28^2} = 0.000\,091\,108.$$

Zieht man diese beiden Zahlen von x_0 ab, so erhält man

$$x_1 = 1.732\,051\,749$$

und erkennt, daß bereits 5 Stellen hinter dem Komma mit dem früher angegebenen Wert 1.732 050 8 für $\sqrt{3}$ übereinstimmen. Der Fehler tritt in der siebten Stelle auf.

Allgemein kann man vergröbernd sagen, daß bei quadratischer Konvergenz von einem gewissen Wert des Iterationsindex an, bei jedem Schritt die Anzahl der bereits hinter dem Komma stehenden Nullen der Fehlergröße, falls diese betragsmäßig kleiner als 1 ist, verdoppelt wird, bei kubischer Konvergenz die Anzahl der vorhandenen Nullen hinter dem Komma jeweils etwa verdreifacht wird. Außerdem kann man beobachten, daß der neu hinzugekommene zweite Korrekturterm nur die letzten Stellen des Ergebnisses beeinflußt und dies bedeutet, daß man diesen Term nur mit verhältnismäßig geringer relativer Genauigkeit zu berechnen braucht, weil er selbst klein ist. Seine Berücksichtigung führt trotzdem zu einer hohen absoluten Genauigkeit des Ergebnisses, wenn nur die Subtraktion mit hinreichender Genauigkeit ausgeführt wird.
Um die vorher genannten Verfahren auf ihre Konvergenzordnung zu prüfen und um einen systematischen Zugang zur Konstruktion von Verfahren höherer Ordnung zu gewinnen, wird zunächst ein allgemeiner Satz angegeben.

Satz 8: *Es sei* G (x) *eine Iterationsfunktion, die p mal stetig differenzierbar ist und* x^* *ein Fixpunkt von G. Dann hat das Verfahren*

$$x_{j+1} = G(x_j)$$

in der Umgebung von x^* *die Ordnung p und den „asymptotischen Fehlerkoeffizienten"*

$$c = \frac{1}{p!} G^{(p)}(x^*),$$

wenn

$$G^{(\nu)}(x^*) \begin{cases} = 0 & \text{für } \nu = 1, \ldots, p-1 \\ \neq 0 & \text{für } \nu = p \end{cases}$$

und

$$|G^{(p)}(x^*)| \begin{cases} < 1 & \text{falls } p = 1, \\ < \infty & \text{sonst} \end{cases} .$$

Beweis: Da G den Wert x^* auf sich abbildet, erhält man die Gleichung

$$x_{j+1} - x^* = G(x_j) - G(x^*).$$

Die rechte Seite kann man nach der Taylorschen Formel entwickeln.
Das ergibt

$$x_{j+1} - x^* = G'(x^*)(x_j - x^*) + \frac{1}{2} G''(x^*)(x_j - x^*)^2 + \ldots +$$

$$+ \frac{1}{p!} G^{(p)}(\hat{x}_j)(x_j - x^*)^p,$$

mit geeignetem $\hat{x}_i$ zwischen x_i und x^*. Man sieht, daß aufgrund der Voraussetzungen über das Verschwinden der Ableitungen die Gleichung

$$x_{j+1} - x^* = \frac{1}{p!} G^{(p)}(\hat{x}_j)(x_j - x^*)^p$$

gilt; sie zeigt einmal die behauptete Aussage über die Ordnung des Verfahrens und, da mit x_j auch $\hat{x}_j \to x^*$ strebt, außerdem die Behauptung über den Koeffizienten. ■

Für das Beispiel des Newtonschen Verfahrens folgt aus diesem Satz ein Konstruktionsprinzip. Man setze an

(22) $G(x) = x - g_1(x) \cdot f(x)$

mit einer zunächst unbestimmten Funktion $g_1(x)$ und hat nun dafür zu sorgen, daß $G'(x)$ im Punkte x^* verschwindet, dies geschieht dadurch, daß man etwa

$$g_1(x^*) = \frac{1}{f'(x^*)}$$

setzt. Da man x^* aber nicht kennt, wird man allgemein

$$g_1(x) = \frac{1}{f'(x)}$$

definieren. Dies führt gerade zum einfachen Newtonschen Verfahren. Für die Herleitung eines Verfahrens höherer Ordnung könnte man mit diesem $g_1(x)$ weiter

$$(23)\quad G(x) = x - g_1(x) \cdot f(x) - g_2(x) \cdot f^2(x)$$

ansetzen und nun die Funktion $g_2(x)$ so zu wählen versuchen, daß mit der ersten auch noch die zweite Ableitung der Funktion $G(x)$ im Punkte x^* verschwindet; es führt dies auf die oben bereits angegebene Form von G, nämlich

$$g_2(x) = \frac{\frac{1}{2} f''(x)}{f'(x)^3}.$$

Im Falle einer mehrfachen Nullstelle x^* von f erhält man mit der obigen Konstruktion für Nullstellen höherer Ordnung eine Variante des Newtonschen Verfahrens. Es gelte in einem Punkte x^* sowohl $f(x^*) = 0$ wie $f'(x^*) = 0, \ldots,$ $f^{(m-1)}(x^*) = 0$. Zunächst lehrte eine Betrachtung des im Newtonschen Verfahren angebenenen Fehlerterms (21), daß im Falle $m = 2$ die Konvergenzordnung des gewöhnlichen Newtonschen Verfahrens nur noch linear ist.
Kann man auch in diesem Falle eine Iterationsfunktion $G(x)$ konstruieren, die zu quadratischer Konvergenz führt?
Mit dem Ansatz $G(x) = x - g_1(x)\, f(x)$ müßte also wieder

$$G'(x) = 1 - g_1'(x)\, f(x) - g_1(x)\, f'(x)$$

verschwinden, und dies ist zum Beispiel im Falle $m = 2$ erfüllt, wenn

$$g_1(x) = \frac{2}{f'(x)}$$

gesetzt wird. Allgemein erhält man bei einer Nullstelle m-ter Ordnung quadratische Konvergenz, wenn man

$$g_1(x) = \frac{m}{f'(x)}$$

setzt.

6. Die Regula Falsi

Will man ein Verfahren zur Nullstellenbestimmung konstruieren, das ohne explizite Ableitungsberechnung auskommt, so kann man von der Formel des Newtonschen Verfahrens ausgehen und dort die im Nenner auftretende erste Ableitung durch einen Differenzenquotienten ersetzen. Geometrisch, man nähert den Graph der Funktion $f(x)$ nicht mit Hilfe der Tangente, sondern einer Sekante durch zwei Punkte des Graphen an und bestimmt den Schnittpunkt dieser Sekanten mit der x-Achse. Von zwei Punkten x_0 und x_1 ausgehend liefert dieses Verfahren (Regula Falsi) für $j = 1, 2, \ldots$ mit $f_j = f(x_j)$ also

$$(24)\quad x_{j+1} = x_j - f_j \cdot \frac{x_j - x_{j-1}}{f_j - f_{j-1}} \quad \text{oder}$$

$$(25)\quad x_{j+1} = \frac{f_j x_{j-1} - x_j f_{j-1}}{f_j - f_{j-1}}$$

Die zweite Formulierung ist für theoretische Überlegungen besser geeignet. Sie läßt sich als eine Mittelung der Werte x_{j-1} und x_j im Verhältnis f_j und $-f_{j-1}$

auffassen. Der erste Ausdruck hingegen eignet sich wieder besser für die numerische Behandlung, weil der unter Umständen numerisch nicht sehr genaue Bruch (man betrachte die entsprechende Bemerkung über Rundungsfehler in Kapitel II) in diesem Fall mit einer in der Regel nach einigen Schritten kleinen Größe f_j multipliziert wird und dieser kleine Produktwert nur eine relativ geringe Genauigkeit braucht, um bei der Addition zur größeren Zahl x_j eine hohe absolute Genauigkeit zu bringen.
Wie beim Newtonschen Verfahren ist auch bei der Regula Falsi die Konvergenz nicht generell gesichert. Unterstellt man Konvergenz, so kann man nach dem Konvergenzverhalten dieses Iterationsverfahrens fragen. Angenommen, die Folge $\{x_j\}$ strebt gegen die Nullstelle x^* von f. Ferner sei $f'(x^*) \neq 0$. Wir setzen

$$\Delta_j = x_j - x^*$$

und erhalten aus der Iterationsvorschrift (25)

$$(26) \quad \Delta_{j+1} = \frac{\Delta_{j-1} f_j - \Delta_j f_{j-1}}{f_j - f_{j-1}} = \Delta_{j-1}\,\Delta_j \cdot \frac{\dfrac{f_j - f^*}{\Delta_j} - \dfrac{f_{j-1} - f^*}{\Delta_{j-1}}}{(x_j - x_{j-1}) \cdot f'(\hat{x}_j)},$$

da $f^* := f(x^*) = o$ gilt. Es läßt sich zeigen (vgl. Band II), daß für den sog. zweiten Differenzenquotienten

$$\left(\frac{f_j - f^*}{\Delta_j} - \frac{f_{j-1} - f^*}{\Delta_{j-1}}\right) \cdot \frac{1}{x_j - x_{j-1}} = \frac{1}{2} f''(\hat{\hat{x}}_j)$$

ist. Hierbei sind $\hat{x}_j$ und $\hat{\hat{x}}_j$ geeignete Zwischenwerte. Man erhält also

$$\Delta_{j+1} = \Delta_j \cdot \Delta_{j-1} \cdot \left(\frac{f''(x^*)}{2f'(x^*)} + o(1)\right).$$

Wie üblich sind $w_j = 0(u_j)$ und $w_j = o(u_j)$ Abkürzungen für Terme, die

$$\left.\begin{array}{l} |w_j/u_j| \leqq \text{const.} \\ \text{bzw. } w_j/u_j \longrightarrow 0 \end{array}\right\} \quad \text{für } j \to \infty \text{ erfüllen.}$$

In dem speziellen Falle heißt also $o(1)$, daß es sich um eine Nullfolge handelt. Man sieht, daß Δ_{j+1} im wesentlichen das Produkt zweier vorhergehender Δ_j ist. Die Genauigkeit sollte sich also stärker als linear erhöhen. Um diesem Sachverhalt näher nachzugehen, kann man für den Faktor $\left|\frac{f''}{2f'} + o(1)\right|$ in einer Umgebung von x^* eine obere Schranke M ansetzen und bekommt, nach Multiplikation der vorangegangenen Gleichung mit M die Ungleichung

$$\varepsilon_{j+1} \leq \varepsilon_j \cdot \varepsilon_{j-1},$$

wenn $\varepsilon_j := M \cdot |\Delta_j|$ gesetzt wird. Wie Δ_j strebt auch ε_j gegen Null. Man darf also $d = \max(\varepsilon_0, \varepsilon_1) < 1$ annehmen und berechnet unmittelbar

$$\varepsilon_2 \leq d^2$$

$$\varepsilon_3 \leq d^3$$

$$\varepsilon_4 \leq d^5.$$

Der Exponent n_j in $\varepsilon_j \leq d^{n_j}$ kann aus der Rekursionsformel

$$n_j = n_{j-1} + n_{j-2} \text{ mit } n_0 = n_1 = 1 \text{ gewonnen werden.}$$

Wie sich die Lösungen einer solchen Differenzengleichung verhalten, wird in Band II ausgeführt. Es zeigt sich, daß die Exponenten n_j für $j \to \infty$ asymptotisch proportional zu s^j mit $s = \frac{1+\sqrt{5}}{2}$ anwachsen. Ist $f'(x^*) \neq o$ und $f''(x^*) \neq o$, so läßt sich entsprechend mit einem geeigneten $r > o$ eine untere Abschätzung $r^{n_j} \leq m \cdot |\Delta_j|$ angeben, wobei $m > o$ eine untere Schranke von $\left|\frac{f''}{2f'} + o(1)\right|$ in einer Umgebung von x^* ist. Dies zeigt, daß die Folge $\{|\Delta_j|\}$ zwischen zwei Nullfolgen liegt, deren Konvergenzordnung s ist, denn sowohl $\{r^{n_{j+1}}/(r^{n_j})^s\}$ als auch $\{d^{n_{j+1}}/(d^{n_j})^s\}$ konvergieren für $j \to \infty$ gegen 1. Die Konvergenzordnung der Regula Falsi ist dann also in der Tat

$$\frac{1+\sqrt{5}}{2} \approx 1{,}62.$$

Wir können nun zu interpretieren versuchen, ob das Newtonsche Verfahren oder die Regula Falsi numerisch angenehmer, ökonomischer und schneller ist. Beim Newtonschen Verfahren ist die Ordnung 2, bei der Regula Falsi annähernd 1.62. Die Ordnung 2 spricht zunächst wegen schnellerer Konvergenz für das Newtonsche Verfahren, allerdings sind hierbei pro Schritt zwei Funktionsauswertungen, nämlich für f und f', erforderlich, bei der Regula Falsi hat man hingegen bei jedem Schritt nur einen neuen Funktionswert von f zu berechnen. Man muß dafür eine Zwischenspeicherung organisieren, es werden nämlich neben x_j auch der vorhergehende Wert x_{j-1} und die zugehörigen Funktionswerte in der Formel (24) benötigt. Man kann also sagen, daß die Konvergenzordnung, bezogen auf die bei jedem Iterationsschritt zu berechnenden Funktionsauswertungen, bei der Regula Falsi besser ist als beim Newtonschen Verfahren; ähnlich verhält sich die Regula Falsi gegenüber dem verbesserten Newtonschen Verfahren, das von dritter Ordnung ist, aber in jedem Schritt drei Funktionsauswertungen erfordert.

7. Nullstellen von Polynomen

Bisher haben wir in den Sätzen nur sehr wenige Eigenschaften der Polynome ausgenutzt, obwohl viele der beschriebenen Verfahren bei der Berechnung von Polynomnullstellen entwickelt worden sind. Die folgenden Überlegungen nutzen wesentlich aus, daß f(x) ein Polynom ist. Es sei also

$$(27) \quad f(x) = a_n \cdot x^n + a_{n-1}x^{n-1} + \ldots + a_1 \cdot x + a_0 \quad \text{und folglich}$$
$$f'(x) = n \cdot a_n x^{n-1} + (n-1) \cdot a_{n-1}x^{n-2} + \ldots + a_1 .$$

Nach einem Hauptsatz der Algebra besitzt ein Polynom n-ten Grades bekanntlich genau n Nullstellen $x_1, \ldots, x_n$ im Bereich der komplexen Zahlen, ihre Vielfachheit einbegriffen, und läßt sich darstellen in der Produktform

$$f(x) = a_n (x - x_1)(x - x_2) \ldots (x - x_n).$$

Wenn man ungefähr die Lage der Nullstelle eines Polynoms kennt, kann man mit Hilfe des Newtonschen Verfahrens oder seiner Variationen die Nullstelle genauer zu berechnen versuchen.

Um Rechenzeit zu sparen, muß man mit möglichst wenigen Operationen das Polynom selbst und seine Ableitung auswerten. Bei einer transzendenten Funktion kann die Auswertung der Ableitung sehr viel mehr Mühe als bei der Berechnung der Funktion selbst machen. Wir wollen uns zunächst davon überzeugen, daß dies bei einem Polynom sicherlich nicht der Fall ist, sondern daß man die Berechnung von Polynom und Ableitung in einfacher Weise kombinieren kann.

Es liegt nahe, zur Einsparung arithmetischer Operationen, das Polynom in der Form

$$(28) \quad f(x) = (\ldots(((a_n \cdot x + a_{n-1}) \cdot x + a_{n-2}) \cdot x + \ldots + a_1) \cdot x + a_0$$

zu schreiben. Der Berechnung durch diese Faktorisierung entspricht das Hornersche Schema

$$(29) \quad \begin{array}{llll} a_n & \rightarrow \bar{a}_n & \bar{a}_n & \rightarrow \bar{\bar{a}}_n \\ \bar{a}_n \cdot x + a_{n-1} & \rightarrow \bar{a}_{n-1} & \bar{\bar{a}}_n \cdot x + \bar{a}_{n-1} & \rightarrow \bar{\bar{a}}_{n-1} \\ \bar{a}_{n-1} \cdot x + a_{n-2} & \rightarrow \bar{a}_{n-2} & \bar{\bar{a}}_{n-1} \cdot x + \bar{a}_{n-2} & \rightarrow \bar{\bar{a}}_{n-2} \\ \vdots & \vdots & \vdots & \vdots \\ \bar{a}_1 \cdot x + a_0 & \rightarrow \bar{a}_0 = f(x) & \bar{\bar{a}}_2 \cdot x + \bar{a}_1 & \rightarrow \bar{\bar{a}}_1 = f'(x) \end{array}$$

Ein Programmstück für diese Berechnungen könnte so aussehen:

$\bar{s} = a(n)$; $\bar{\bar{s}} = 0$;
for $j = n - 1$ step -1 until 0 do
($\bar{\bar{s}} = \bar{\bar{s}} \cdot x + \bar{s}$;
$\bar{s} = \bar{s} \cdot x + a(j)$);

Zunächst ist ohne weiteres ersichtlich, daß die auf der linken Seite von (29) stehenden Zuweisungen gerade die Berechnung der in der vorangehenden Formel angegebenen Klammern bewirken, d.h., es wird deutlich, wie durch diese Folge von Operationen der Funktionswert f(x) ermittelt wird. Bei der Erstellung eines Programms für eine Rechenanlage kann man die $\bar{a}_j$ alle dem gleichen Speicher $\bar{s}$ zuweisen, da sie nur einmal zur Berechnung des folgenden $\bar{a}_{j-1}$ gebraucht werden.

Interessant ist die Kombination dieses linken Schemas mit der rechts angegebenen Formelfolge, man speichert dabei Werte $\bar{\bar{a}}_j$ in einem zweiten Speicher $\bar{\bar{s}}$. Auch hier ist es nicht notwendig, die verschiedenen Größen $\bar{\bar{a}}_j$ in verschiedenen Speichern unterzubringen, weil sie nur einmal in der Rechnung auftreten. Daß $\bar{\bar{s}} = f'(x)$ nach Ende des Programms gilt, zeigt die folgende Überlegung.

Addiert man die im linken Schema auftretenden $\bar{a}_j$ bis zur vorletzten Zeile auf, so ist in $\bar{a}_n, \bar{a}_{n-1}, \ldots$ usw. jeweils der Term a_n enthalten und mit einer entsprechenden Potenz von x multipliziert. Im Ganzen erhält man den Term a_n durch die Aufsummierung insgesamt n-mal, analog tritt die Größe a_{n-1} genau

$(n-1)$-mal bei der Summierung auf usw. Diese Tatsache macht man sich auf der rechten Seite zunutze, denn die Größen $\bar{\bar{a}}_n, \bar{\bar{a}}_{n-1}, \ldots$ stellen gerade eine Aufsummierung von $\bar{a}_n, \bar{a}_{n-1}, \ldots$ dar, zudem noch mit geeigneten x-Faktoren. Dies bewirkt, daß die oben bei der Definition des Polynoms und seiner Ableitung auftretenden Faktoren durch Addition, also ohne zusätzliche Multiplikationen erreicht werden. Damit ist auf einfache Weise für $f(x)$ Funktionswert und erste Ableitung berechnet und somit die Basis für die Anwendung des Newtonschen Verfahrens geschaffen.

Zur Anwendung des Newtonschen Verfahrens empfiehlt es sich, einen möglichst guten Anfangswert zu wählen. Zur Beschreibung der ungefähren Lage von Nullstellen sind in der Literatur eine große Anzahl sogenannter Einschließungs- und Ausschließungssätze angegeben worden. Sie beschreiben als Funktion der Koeffizienten a_j gewisse Punktmengen der komplexen Ebene, in denen alle, wenigstens eine oder sicherlich keine Nullstelle des betrachteten Polynoms liegen. Wir wollen hier nur einige einfache Beispiele anführen.

Betrachtet man etwa ein Polynom, dessen höchster Koeffizient 1 ist, so ist das Polynom samt seinen Ableitungen rechts von einem geeignet gewählten Punkt der reellen Achse positiv. Einen solchen Punkt zu finden, kann der folgende Satz helfen.

Satz 9: *Gelten für das Polynom* $f(x)$ *vom Grade* n *in* x_0 *die Beziehungen* $f(x_0), f'(x_0), \ldots f^{(n)}(x_0) \geq 0$ *und ist wenigstens ein Term positiv, so liegt in* $x > x_0$ *keine Nullstelle von* $f(x)$.

Beweis: Entwickelt man das Polynom um den Punkt $x = x_0$ in eine Taylorsche Reihe, so treten nur nichtnegative Koeffizienten auf. Für $x > x_0$ sind die Faktoren dieser Koeffizienten ebenfalls positiv, so daß

$$(30)\quad f(x) = f(x_0) + \frac{(x-x_0)}{1!} f'(x_0) + \ldots + \frac{(x-x_0)^n}{n!} \cdot f^{(n)}(x_0) > 0$$

gilt, woraus die Behauptung folgt. ■

Umgekehrt ist es leicht, einen Kreis in der komplexen Ebene anzugeben, in welchem das Polynom zumindest eine Nullstelle besitzt. Es gilt nämlich

Satz 10: *In der Menge* $\{x; |x - x_0| \leq n \cdot |f(x_0)/f'(x_0)|\}$ *liegt wenigstens eine Nullstelle des Polynoms* $f(x)$, *wobei* x_0 *irgendeine komplexe Zahl ist.*

Beweis: Sofern $f(x_0)$ nicht selbst verschwindet, ist

$$\left|\frac{f'(x_0)}{f(x_0)}\right| = \left|\frac{1}{x_0 - x_1} + \frac{1}{x_0 - x_2} + \ldots + \frac{1}{x_0 - x_n}\right|,$$

wenn $x_1, x_2, \ldots, x_n$ die Nullstellen von f sind. Durch Anwendung der Dreiecksungleichung gewinnt man die Abschätzung

$$\left|\frac{f'(x_0)}{f(x_0)}\right| \leq n \cdot \max \left|\frac{1}{x_0 - x_j}\right| = \frac{n}{\min |x_0 - x_j|}.$$

Sei m ein Index, für den $|x_0 - x_m| = \min |x_0 - x_j|$. Man erhält

$$(31) \quad n \cdot \left| \frac{f(x_0)}{f'(x_0)} \right| \geq |x_0 - x_m|$$

und das ist die Behauptung. ■

Eine etwas schärfere Einschließung für die Nullstellen gibt der folgende

Satz 11: *Ist* x^* *die positive Nullstelle des Polynoms*

$$\bar{f}(x) = x^n - |a_{n-1}| \cdot x^{n-1} - \ldots - |a_1| \cdot x - |a_0|,$$

wobei angenommen ist, daß nicht alle Koeffizienten a_j *mit* $j = 1, \ldots, n-1$ *verschwinden, so gilt für jede reelle Nullstelle von* $f(x) = x^n + a_{n-1} \cdot x^{n-1} + \ldots + a_1 \cdot x + a_0$ *die Ungleichung*

$$x_j \leq x^*.$$

Beweis: Die Polynome x^n und $|a_{n-1}| x^{n-1} + \ldots + |a_0|$ sind beide auf der positiven Achse monoton, und in einer rechtsseitigen Umgebung des Nullpunktes ist das zweite Polynom größer als das erste, während für $x \to \infty$ die Potenz x^n stärker wächst. Die Differenz dieser beiden Polynome hat genau eine positive Nullstelle, sie liegt bei x^* (vgl. Aufgaben). Für $x > x^*$ gilt

$$f(x) \geq x^n - |a_{n-1}| \cdot x^{n-1} - \ldots - |a_1| \cdot x - |a_0| = \bar{f}(x) > 0,$$

damit ist die Behauptung des Satzes bewiesen. ■

Als weiteres Beispiel sei ein Einschließungsgesetz von van der Sluis zitiert.

Satz 12: *Gegeben seien nichtnegative Zahlen* c_j *für* $j = 0, \ldots, n-1$ *mit*

$$0 < \sum_{j=0}^{n-1} c_j \leq 1$$

und dabei $c_j = 0$ *nur dann, wenn auch* a_j *verschwindet. Ohne Beschränkung der Allgemeinheit sei* $a_n = 1$. *Für jede Nullstelle* z *des Polynoms* $f(x)$ *gilt dann die Abschätzung*

$$(31) \quad |z| \leq M := \max \left\{ \left| \frac{a_j}{c_j} \right|^{\frac{1}{n-j}}; \ j = 0, \ldots, n-1 \text{ und } c_j \neq 0 \right\}$$

Der **Beweis** verläuft zum obigen analog: Für $M = 0$ ist nichts zu zeigen. Es sei $M > 0$ und x ein Wert mit $|x| > M$, dann gilt

$$|x| > \left| \frac{a_j}{c_j} \right|^{\frac{1}{n-j}} \quad \text{für jedes } j = 0, \ldots, n-1 \text{ mit } c_j \neq 0, \text{ also}$$

$$c_j \cdot |x|^{n-j} \cdot |x|^j > |a_j| \cdot |x|^j.$$

Summation ergibt

$$|f(x)| \geq |x|^n - \sum_{j=0}^{n-1} |a_j| \cdot |x|^j > |x|^n \cdot (1 - \sum_{j=0}^{n-1} c_j) \geq 0.$$

Damit ist das Polynom $f(x)$ wie vorher nach unten abgeschätzt und gezeigt, daß es in dem Punkte x nicht verschwinden kann. ■

Bemerkung: Nachdem die Nullstellen lokalisiert sind und etwa eine Nullstelle x_1 mit Hilfe der beschriebenen Verfahren ermittelt worden ist, wird man zur Bestimmung weiterer Nullstellen den Faktor $(x - x_1)$ aus dem gegebenen Polynom herausziehen und setzen

$$f_1(x) = \frac{f(x)}{x - x_1}.$$

Wie bereits in dem Kapitel II über Rundungsfehler erwähnt wurde, können dabei sehr starke Ungenauigkeiten eingeschleppt werden. Man kann zeigen (Wilkinson in [19]), daß dieses Verfahren („Deflation") numerisch stabil ist, wenn x_1 eine betragsmäßig kleine Nullstelle ist. Oft wird das Newtonsche Verfahren jedoch gerade zu einer großen Nullstelle führen. In diesem Falle ist es nach Maehly günstig, wenn man die Funktion in der obigen Form stehenläßt und das Ausdividieren nicht explizit durchführt; man erhält dann für die im Newtonschen Verfahren weiter gebrauchte erste Ableitung beispielsweise den Ausdruck $f_1'(x) = \dfrac{f'(x)}{(x - x_1)} - \dfrac{f(x)}{(x - x_1)^2}$.

Das Graeffe-Verfahren

Im Gegensatz zu den bisher beschriebenen Methoden zur Nullstellenbestimmung führt das Graeffe-Verfahren, wenn es konvergiert, zu einer simultanen Berechnung aller Nullstellen eines Polynoms. Der Einfachheit halber soll hier nur der Fall $n = 3$ behandelt werden, die Verallgemeinerung liegt jedoch auf der Hand.

Zur Herleitung des Verfahrens wollen wir mit x_1, x_2 und x_3 die Nullstellen des Polynoms $f(x)$ bezeichnen. Dann hat $f(x)$ die Gestalt

(32) $f(x) = a_3(x - x_1)(x - x_2)(x - x_3)$.

Sind diese Nullstellen dem Betrage nach sehr verschieden groß, so daß ihre Betragsquotienten

$$\left|\frac{x_3}{x_2}\right| \text{ und } \left|\frac{x_2}{x_1}\right|$$

klein gegenüber 1 sind, so gilt wegen

$$\begin{aligned} a_0 &= -x_1 x_2 x_3 a_3 \\ a_1 &= a_3(x_1 x_2 + x_1 x_3 + x_3 x_2) \\ a_2 &= -a_3(x_1 + x_2 + x_3) \end{aligned}$$

in guter Näherung

(33) $\dfrac{a_2}{a_3} \approx -x_1, \quad \dfrac{a_1}{a_2} \approx -x_2, \quad \dfrac{a_0}{a_1} \approx -x_3.$

Das Ziel des Graeffe-Verfahrens besteht nun darin, aus dem vorgelegten Polynom eine Folge anderer Polynome zu konstruieren, bei denen die Wurzeln weit auseinandergezogen werden, so daß die eben erwähnte Tatsache (33) zur Bestimmung der Wurzeln benutzt werden kann und daraus rückwirkend die

Wurzeln des Ausgangspolynoms berechnet werden. Das Nullstellenverhältnis wird bei betragsmäßig verschiedenen Nullstellen sicher vergrößert, wenn man zum Polynom

(34) $p(u) = a_3^2 (u + x_1^2)(u + x_2^2)(u + x_3^2)$

übergehen könnte. Man kann dieses Polynom $p(u)$ mit $u = x^2$ in geschickter Weise faktorisieren, mit $i = \sqrt{-1}$ ist nämlich

$$\begin{aligned} p(u) &= a_3(ix - x_1)(ix - x_2)(ix - x_3) \cdot a_3(-ix - x_1)(-ix - x_2)(-ix - x_3) \\ &= f(ix) \cdot f(-ix) \end{aligned}$$

Es gilt also

$$p(u) = (a_3(ix)^3 + a_2(ix)^2 + a_1(ix) + a_0)(a_3(-ix)^3 + a_2(-ix)^2 + a_1(-ix) + a_0).$$

Hier sind in der letzten Zeile gerade die Koeffizienten des gegebenen Polynoms wieder ins Spiel gekommen. Man kann daher mit ihrer Hilfe die Koeffizienten des Polynoms p berechnen. Dies geschieht durch das Schema

	x^6	x^4	x^2	x^0	
	a_3^2	a_2^2	a_1^2	a_0^2	auftretende Faktoren
		$-2a_3a_1$	$-2a_2a_0$		
Summe:	a_3^*	a_2^*	a_1^*	a_0^*	Koeffizienten von $p(u)$

Aus den neuen Koeffizienten kann man nun gemäß der Formel

(35) $\left| \frac{a_{j-1}^*}{a_j^*} \right| \approx |x_j|^2$

eine Näherung für die Wurzeln gewinnen. Iteriert man das Verfahren k-mal, so muß k-mal aus den neuen Quotienten der Koeffizienten die Quadratwurzel berechnet werden, um zu den ursprünglichen Wurzeln zurückzukommen. Wir erläutern dieses Verfahren wieder durch unser Beispiel aus Kapitel II, nämlich $f(x) = x^3 - 3.7x - 0.18$. Hierauf angewandt liefern fünf Iterationsschritte die in dem nebenstehenden Schema zusammengestellten Zahlen.

Wir verwenden dieses Schema beispielsweise zur Ermittlung der kleinsten Wurzel. Dann hat man bei dem Polynom jeweils den Koeffizienten a_0 durch a_1 zu teilen und wie angegeben aus dem Quotienten die zweite, vierte bzw. achte Wurzel zu ziehen. Man erhält die Zahl 0,04868. Daß hier Konvergenz eintritt, wird auch sehr deutlich durch die jeweils in der zweiten Zeile auftretenden gemischten Produkte von a_2 und a_0, die zur Bildung des Koeffizienten a_1^* jeweils kaum noch einen Beitrag leisten. Versucht man in gleicher Weise die größeren Wurzeln zu bestimmen, so stößt man auf Schwierigkeiten. In der Tat sind die hier auftretenden gemischten Produkte, gegeben durch die Produkte von a_3 und a_1, nicht klein im Vergleich zu den Quadraten. Dies liegt daran, daß die beiden großen Wurzeln von entgegengesetztem Vorzeichen und betragsmäßig fast gleich sind, wie wir früher berechnet haben (Kap. II). Um sie zu „trennen" muß man schärfere Methoden anwenden.

Iterationsschritt	Koeffizienten				Nullstellennäherungen (Beträge)		
Gegebene Koeffizienten	1.0	0.00	-3.70	-0.18			
	1.0	0.00 7.40	$1.37 \cdot 10$ 0	$3.24 \cdot 10^{-2}$			
1.	1.0	7.40	$1.37 \cdot 10$	$3.24 \cdot 10^{-2}$	2.720	1.360	0.0486
	1.0	$5.48 \cdot 10$ $-2.74 \cdot 10$	$1.87 \cdot 10^{2}$ $-4.80 \cdot 10^{-1}$	$1.05 \cdot 10^{-3}$			
2.	1.0	$2.74 \cdot 10$	$1.87 \cdot 10^{2}$	$1.05 \cdot 10^{-3}$	2.287	1.616	0.048680
	1.0	$7.50 \cdot 10^{2}$ $-3.74 \cdot 10^{2}$	$3.49 \cdot 10^{4}$ $-5.75 \cdot 10^{-2}$	$1.10 \cdot 10^{-6}$			
3.	1.0	$3.76 \cdot 10^{2}$	$3.49 \cdot 10^{4}$	$1.10 \cdot 10^{-6}$	2.098	1.762	0.048680
	1.0	$1.41 \cdot 10^{5}$ $-6.99 \cdot 10^{4}$	$1.22 \cdot 10^{9}$ $-8.28 \cdot 10^{-4}$	$1.21 \cdot 10^{-12}$			
4.	1.0	$7.13 \cdot 10^{4}$	$1.22 \cdot 10^{9}$	$1.21 \cdot 10^{-12}$	2.011	1.839	0.048680
	1.0	$5.09 \cdot 10^{9}$ $-2.44 \cdot 10^{9}$	$1.49 \cdot 10^{18}$ $-1.73 \cdot 10^{-7}$	$1.47 \cdot 10^{-24}$			
5.	1.0	$2.65 \cdot 10^{9}$	$1.49 \cdot 10^{18}$	$1.47 \cdot 10^{-24}$	1.970	1.877	0.048680

Genauere Untersuchungen (vgl. [17]) zeigen, daß man bei paarweise dem Betrage nach verschiedenen Wurzeln mit linearer Konvergenz rechnen kann, wobei die Güte der Konvergenz von dem Quotienten der Beträge der einzelnen Wurzeln abhängt. Im Beispiel liegt dieser Quotient, wie wir beobachteten, bei den beiden größten Wurzeln nahe bei 1. Die Entscheidung, ob die Konvergenz gut ist oder nicht, ist optisch, wenn man selbst die Rechnung durchführt, leicht zu treffen. Will man dieses Verfahren programmieren, so muß man erhebliche organisatorische Mühen auf sich nehmen, um diese hier gefühlsmäßig getroffene Entscheidung zu automatisieren. Das Graeffe-Verfahren eignet sich deshalb nicht zu gut für Rechenanlagen. Seine Bedeutung liegt vor allem darin, daß es gestattet, oft sehr schnell grobe Näherungen als Ausgangswerte für genauere Nullstellenverfahren zu bekommen.
Es sei nur am Rande erwähnt, daß mit Hilfe der Differenzengleichungen noch weitere Methoden zur Nullstellenbestimmung aufgestellt werden können.

Bemerkungen:
1. Es ist möglich, aufgrund der Vorzeichen der Koeffizienten Aussagen darüber zu machen, wie viele Nullstellen das Polynom auf einem Teilstück der reellen Achse besitzt. Man hat dazu die sogenannte Sturm'sche Kette im linken und rechten Randpunkt zu bilden und kann durch einfaches Abzählen der Vorzeichenwechsel in den Ableitungen die Aussage erhalten. Eine ähnliche Aussage, der Satz von Descartes, ist sehr lange bekannt. Der Satz lautet:
Bei einem Polynom, das nur reelle Nullstellen besitzt, gibt die Anzahl der Vorzeichenwechsel zwischen den von Null verschiedenen Koeffizienten an, wie viele positive reelle Nullstellen das Polynom hat.
2. Wir haben uns in diesem Kapitel nicht mit den Problemen der Akkumulation von Rundungsfehlern beschäftigt. Der Grund ist, daß bei den Iterationsverfahren, und zwar sowohl dem Kontraktionsverfahren wie dem Newtonschen Verfahren, immer wieder von der ursprünglichen Funktion ausgegangen wird und ein Rundungsfehler im Ergebnis interpretiert werden kann als eine kleine Veränderung des Wertes, mit dem man den nächsten Iterationsschritt beginnt. Fehler werden also nicht akkumuliert, sondern eliminieren sich bei den Iterationsschritten von selbst.

8. Aufgaben

1. a) Man bestimme eine Näherungslösung der Gleichung

$$x = F(x) := +\sqrt{-\ln \frac{x}{10}}$$

durch einfache Iteration, etwa beginnend mit $x_0 = 1.5$.

b) Man versuche das gleiche für

$$x = H(x) := 10 \cdot e^{-x^2}.$$

Welche Beziehung besteht zwischen der Lösung von a) und b)?

c) Man berechne die gleiche Lösung mit Hilfe des Newton'schen Verfahrens durch Nullsetzen von

$$f(x) = 10 \cdot e^{-x^2} - x.$$

z. B. beginnend mit $x_0 = 1.5$.

2. Sei $F(x)$ stetig differenzierbar im abgeschlossenen Intervall I, dann ist F dort genau dann kontrahierend, wenn

$$\max_{x \in I} |F'(x)| < 1 \text{ ist.}$$

3. Man diskutiere, ob auf die Abbildung $F(x) = \frac{1}{2}(x + \frac{3}{x^2})$ in [1.5, 2] und [1, 2] der Fixpunktsatz anwendbar ist und bestimme die Kontraktionskonstante.
4. Mit Hilfe des Newton'schen Verfahrens konstruiere man einen Algorithmus zur Berechnung dritter Wurzeln. Für welche Startwerte konvergiert die Iteration?
5. In dem Intervall $I := \{x; |x - \bar{x}| \leq L\}$, $\bar{x}$ fest, sei eine differenzierbare Funktion $f(x)$ gegeben. Gilt

$$|f'(x)| \geq M > 0 \text{ und } |f(\bar{x})| \leq L \cdot M$$

gleichmäßig in I, so hat $f(x)$ dort genau eine Nullstelle x^*. Ist f zweimal stetig differenzierbar und gilt $f' \cdot f'' > 0$ in I, so liegt jede durch das Newton'sche Verfahren berechnete Näherung rechts von der Nullstelle.
6. Man beweise, daß in einem normierten linearen Raum die Funktion

$$d(x, y) := \|x - y\|$$

den Abstandsaxiomen genügt und somit eine Metrik einführt.
7. Sei $f(x)$ in der Umgebung der m-fachen Nullstelle x^* wenigstens $m + 1$mal stetig differenzierbar. Man verifiziere, daß dann das modifizierte Newton'sche Verfahren

$$x_{j+1} = x_j - m \cdot \frac{f(x_j)}{f'(x_j)}$$

quadratisch konvergiert.
8. Welche Konvergenzordnung hat das verbesserte Newton'sche Verfahren,

$$x_{j+1} = x_j - \frac{f(x_j)}{f'(x_j)} - \frac{1}{2} \cdot \frac{f''(x_j) \cdot f^2(x_j)}{(f'(x_j))^3},$$

wenn $f''(x^*) \neq 0$, aber $f'(x^*)$ verschwindet, die Funktion f sei dreimal stetig differenzierbar in der Umgebung der Nullstelle x^*.
9. Die Folge $\{x_j\}$ sei linear konvergent. Es sei $\varepsilon_j = x_{j+1} - x_j$ und $\hat{x}_{j+1}$ die Nullstelle der Geraden durch die Punkte (x_j, ε_j) und $(x_{j-1}, \varepsilon_{j-1})$ in einer $x\varepsilon$-Ebene. Man zeige, daß $\hat{x}_{j+1}$ mit dem Wert x^*_{j+1} der Konvergenzverbesserung nach Aitken identisch ist.
10. Man beweise durch vollständige Induktion nach dem Polynomgrad die Gültigkeit der Formel (29) für die Berechnung eines Polynoms und seiner Ableitung an einer Stelle x.

11. Man zeige, daß die Differenz der beiden Polynome x^n und $|a_{n-1}| \cdot x^{n-1} + \ldots + |a_0|$ mit wenigstens einem $|a_j| > 0$ genau eine positive reelle Nullstelle hat.
(Hinweis: Zur vollständigen Induktion nach n kann angenommen werden, daß die Behauptung für Polynome vom Grade $m < n$ bewiesen und somit auf die Ableitungen der Differenz anwendbar ist.)
12. Durch einige Iterationen nach dem Graeffe-Verfahren versuche man Nullstellen folgender Polynome zu ermitteln:

a) $f(x) = x^3 - 6x^2 + 11x - 6$

b) $f(x) = x^3 - 4x^2 - 7x - 2$

c) $f(x) = x^3 - 1x^2 - 4x + 4$

d) $f(x) = x^3 + 6x^2 + 11x - 6$

IV. LINEARE GLEICHUNGSSYSTEME

Zur Behandlung der linearen Gleichungssysteme ist es notwendig, abweichend von den vorhergehenden Kapiteln, n-dimensionale Räume $\mathbb{R}^n$ oder $\mathbb{C}^n$ über dem Körper der reellen bzw. komplexen Zahlen und die Begriffe der Matrizenrechnung zu verwenden. Ein lineares Gleichungssystem hat die Form

$$
(1)\qquad
\begin{aligned}
&a_{11}x_1 + \ldots + a_{1n}x_n = b_1\\
&a_{22}x_1 + \ldots + a_{2n}x_n = b_2\\
&\ldots\\
&a_{n1}x_1 + \ldots + a_{nn}x_n = b_n,
\end{aligned}
$$

oder $Ax = b$ mit

$$
A = \begin{pmatrix} a_{11} & \ldots & a_{1n} \\ \vdots & & \vdots \\ a_{n1} & \ldots & a_{nn} \end{pmatrix}, \qquad
x = \begin{pmatrix} x_1 \\ \vdots \\ x_n \end{pmatrix}, \qquad
b = \begin{pmatrix} b_1 \\ \vdots \\ b_n \end{pmatrix}.
$$

Für die numerischen Untersuchungen soll hier als allgemeine Voraussetzung gelten, daß $\det A \neq 0$ ist. Man kann zwar auch dann, wenn die Determinante verschwindet, unter gewissen zusätzlichen Bedingungen lineare Gleichungssysteme auflösen (genauere Einzelheiten findet man in den Lehrbüchern der linearen Algebra), doch soll das hier nicht Gegenstand der Untersuchung sein.

Bereits in der Mittelstufe des Gymnasiums werden kleinere lineare Gleichungssysteme mit zwei, drei oder vier Unbekannten gelöst. Die eigentlichen Probleme entstehen erst bei großen Systemen. Ihre Lösung ist zum guten Teil eine Organisationsfrage.

Lineare Gleichungssysteme treten bei sehr vielen verschiedenen Prozessen auf. Im vorigen Kapitel hatten wir auf das mehrdimensionale Newtonsche Verfahren hingewiesen, bei dessen Behandlung ein linearer Operator zu invertieren ist. In der Regel wird diese Inversion auf ein lineares Gleichungssystem führen.

Ein weiteres Beispiel bietet die Numerik der linearen Differentialgleichungen, insbesondere der partiellen Differentialgleichungen, wie sie in der Physik vorkommen. Hier überzieht man das betrachtete Gebiet des $\mathbb{R}^n$ oder $\mathbb{C}^n$ mit einem Raster von Punkten und ersetzt in der Differentialgleichung auftretende Ableitungen durch Differenzenquotienten der Funktionswerte in den Rasterpunkten. Schon wenn das Gebiet ein dreidimensionaler Würfel ist und man in jeder Kantenrichtung nur hundert Unterteilungen vornimmt, was zu 10^6 Raumgitterpunkten führt, entsteht bei dieser sogenannten Diskretisierung der Differentialgleichung leicht ein Gleichungssystem mit 10^6 und mehr Unbekannten, hier u. a. den Funktionswerten in den Rasterpunkten.

Als weiteres Beispiel sei schließlich auf die bei der Ausgleichsrechnung auftretenden Normalgleichungen hingewiesen, die in einem der späteren Kapitel

(Band II) noch besprochen werden sollen. In diesem Falle treten zwar nicht sehr viele Unbekannte auf, oft sind indes die Gleichungssysteme von schlechter Kondition, weil der Wert der Determinante des Systems zwar nicht gleich Null, wohl aber sehr klein sein kann.

Es kommt bei der Auflösung eines linearen Gleichungssystems darauf an, Verfahren zu finden, die, auf einer Datenverarbeitungsanlage durchgeführt, sowohl zeitsparend als auch speicherplatzsparend sind. Hinzu kommen die Überlegungen zur Sicherstellung einer ausreichenden Genauigkeit. Für die Auswahl eines geeigneten Verfahrens können auch spezifische Eigenschaften der auftretenden Matrix des Gleichungssystems ausschlaggebend sein. Es kann sich um eine Dreiecksmatrix handeln, bei der alle Elemente oberhalb oder unterhalb der Diagonalen Null sind, die Matrix kann nur schwach besetzt sein, d. h., die meisten ihrer Elemente verschwinden aufgrund eines bekannten Bildungsgesetzes, oder es können nur einige Parallelen zur Diagonale mit von Null verschiedenen Elementen auftreten. Es sind dies sogenannte dünnbesetzte Matrizen. Schließlich kann es vorkommen, daß die Diagonalelemente dominant sind, d. h. ihr Betrag größer als die Summe der Beträge der in derselben Spalte oder Zeile stehenden Elemente ist.

Man unterscheidet zwischen direkten und iterativen Lösungsmethoden. Die direkten Methoden führen, sofern keine Rundungsfehler das Ergebnis verfälschen, nach einer festen Anzahl Schritte zur (exakten) Lösung des linearen Gleichungssystems. Iterative Verfahren dagegen liefern schrittweise eine Näherungslösung, man muß eine Kontrolle des Abbruchfehlers mitführen und an Hand eines Abbruchkriteriums die Iteration beenden, sobald eine bestimmte Genauigkeit der Näherungslösung erreicht worden ist.

1. Direkte Methoden

Diese Verfahren beruhen im wesentlichen auf einer sukzessiven Elimination der einzelnen Unbekannten. Man versucht zunächst, aus den n Gleichungen mit n Unbekannten $n-1$ Gleichungen mit $n-1$ Unbekannten zu machen. Dies kann dadurch geschehen, daß man eine der Unbekannten mit Hilfe einer Gleichung aus allen übrigen eliminiert. Systematisch soll dies für den Fall von x_1 gezeigt werden. Es sei $a_{11} \neq 0$. Wir betrachten die zwei Gleichungen

$$\begin{array}{l|l} a_{11} x_1 + a_{12} x_2 + \ldots + a_{1n} x_n = b_1 & -\dfrac{a_{21}}{a_{11}} \\ a_{21} x_1 + a_{22} x_2 + \ldots + a_{2n} x_n = b_2 & +1 \end{array}$$

Addition der beiden Gleichungen nach Multiplikation mit den angegebenen Faktoren ergibt

$$0 \cdot x_1 + \left(a_{22} - \frac{a_{21} \cdot a_{12}}{a_{11}}\right) x_2 + \ldots + \left(a_{2n} - \frac{a_{21} \cdot a_{1n}}{a_{11}}\right) x_n = \left(b_2 - \frac{a_{21} \cdot b_1}{a_{11}}\right).$$

Natürlich läßt sich auf die gleiche Weise auch aus der dritten bis n-ten Zeile die Unbekannte x_1 eliminieren, so daß die um die Spalte b erweiterte Matrix (A, b) übergeführt wird in die Form

$$\begin{pmatrix} a_{11} & \square & \dots & \square \\ 0 & * & \dots & * \\ \vdots & \vdots & & \vdots \\ 0 & * & \dots & * \end{pmatrix},$$

hierbei bezeichnet $\square$ unveränderte und * veränderte Elemente nach dem Bildungsgesetz

$$(2) \quad \begin{cases} l_{ij} := \dfrac{a_{ij}}{a_{jj}}, \\ a^*_{ik} = a_{ik} - l_{ij} a_{jk} \qquad \text{für } i \neq j \text{ und } k > j. \\ b^*_i \;= b_i - l_{ij} b_j. \end{cases}$$

Bei $j = 1$ haben sich die Elemente der zweiten bis n-ten Zeile geändert, während die erste Zeile unverändert geblieben ist.

Beim nächsten Schritt läßt sich analog x_2 eliminieren. Man kann danach auch aus der vorhergehenden ersten Zeile die Unbekannte x_2 entfernen, indem man ein entsprechendes Vielfaches der neuen zweiten Zeile von der ersten abzieht.

Wiederholt man diesen Prozeß (2) weiter für $j = 3, 4, \dots, n-1$, so kann man unter unserer obigen Voraussetzung des Nichtverschwindens der Determinante und gegebenenfalls mittels Zeilenvertauschungen die Matrix A in eine Diagonalmatrix überführen, die Matrix

$$(3) \qquad (A, b) \text{ geht über in } \begin{pmatrix} a_{11} & & & 0 & b^*_1 \\ & a^*_{22} & & & \cdot \\ & & a^*_{33} & & \cdot \\ & 0 & & \ddots & \cdot \\ & & & a^*_{nn} & b^*_n \end{pmatrix}.$$

Die gesuchten Unbekannten $x_1, \dots, x_n$ erhält man dann durch

$$(4) \qquad x_1 = \frac{b^*_1}{a_{11}}, \quad x_2 = \frac{b^*_2}{a^*_{22}}, \dots, \quad x_n = \frac{b^*_n}{a^*_{nn}}.$$

Dieses Verfahren, die sog. **Jordan-Elimination,** besticht durch seine Einfachheit, hat jedoch neben der jeweiligen Voraussetzung $a_{jj} \neq 0$ bei der Elimination von x_j den großen Nachteil, daß die Rechenergebnisse sehr ungenau ausfallen können.

Eine Maßnahme zur Stabilisierung des Verfahrens ist die **Pivotisierung.** Sie besteht darin, daß man vor jedem Schritt, also zur Elimination von x_j, an die Stelle a_{jj} das betragsgrößte Element der Teilmatrix $(a_{ik})_{i,\, k \geq j}$ zu bringen versucht. Dies bedeutet einmal Vertauschung der Zeilen durch Umsortieren der linearen Gleichungen, zum anderen aber würde es auch eine Umnumerierung der Unbekannten x_i mit sich bringen. Diesen zweiten Vorgang unterläßt man gern, da seine Überwachung (Buchführung) aufwendig ist. Man beschränkt sich vielmehr auf eine **teilweise Pivotisierung,** die darin besteht, daß man nur aus der zur Elimination anstehenden Spalte das betragsgrößte Element in und unterhalb der Diagonalen heraussucht und durch Vertauschen der Zeilen in die Diagonale bringt. Wendet man jetzt das Eliminationsverfahren an, so treten Faktoren $l_{ij} = \frac{a_{ij}}{a_{jj}}$ auf, die dem Betrage nach höchstens gleich 1 sind. Bei der Pivotsuche muß man sich auf die j-te bis n-te Zeile beschränken, Vertauschungen dieser Zeilen lassen die in den ersten $j-1$ Spalten bereits vorhandenen Nullen unverändert. Man schließt so die Gefahr aus, daß bereits vollzogene Eliminationen wieder rückgängig gemacht werden.

Beim Jordanschen Eliminationsverfahren können trotz der beschriebenen Pivotisierung noch numerische Instabilitäten auftreten, da bei diesem Verfahren x_j auch aus den Zeilen 1 bis $j-1$ eliminiert wird und für $i < j$ die in (2) verwendeten Faktoren l_{ij} betragsmäßig den Wert 1 weit überschreiten und somit leicht zu den oben beschriebenen Ungenauigkeiten führen können.

Um diesen Schwierigkeiten zu entgehen, wendet man die Elimination nur unterhalb der Matrixdiagonalen an, so daß nach $n-1$ Schritten aus dem Gleichungssystem ein neues entstanden ist, bei dem die Matrix die Form eines „Dreiecks" hat, d.h., daß unterhalb der Diagonalen nur noch Nullen stehen:

$$
\begin{aligned}
r_{11}x_1 + r_{12}x_2 + \dots + r_{1n}x_n &= y_1 \\
r_{22}x_2 + \dots + r_{2n}x_n &= y_2 \\
\dots \\
r_{nn}x_n &= y_n
\end{aligned}
\tag{5}
$$

mit $r_{1i} = a_{1i}$ und $y_1 = b_1$. Es ist ein sogenanntes **gestaffeltes Gleichungssystem** entstanden. Aus diesem Gleichungssystem kann man nun durch sukzessives Einsetzen die Unbekannten ermitteln. Zunächst ist aus der letzten Gleichung zu entnehmen $x_n = \frac{y_n}{r_{nn}}$. Diesen Wert von x_n kann man in die vorletzte Zeile einsetzen, um x_{n-1} zu ermitteln usf. Im allgemeinen bekommt man x_j aus

$$
r_{jj}x_j = y_j - \left(\sum_{k=j+1}^{n} r_{jk}x_k \right) \quad \text{für } j = n, n-1, \dots, 1.
\tag{6}
$$

Man erhält durch die Pivotisierung automatisch von Null verschiedene Zahlen r_{jj} in der Diagonalen, denn durch Zeilenvertauschungen und Addition Vielfacher einer Zeile zu anderen verändert sich die Determinante höchstens im Vorzeichen, so daß $|r_{11} \cdot r_{22} \dots r_{nn}| = \pm \det(A)$, und nach Voraussetzung ist $\det(A) \neq 0$. Man nennt diese Art der Auflösung linearer Gleichungssysteme – Überführung in ein gestaffeltes System und anschließende rekursive Auflösung – **Gauß'sches Eliminationsverfahren.** Wilkinson hat in [20] gezeigt, daß dieses Verfahren wesentlich stabiler gegenüber Rundungsfehlern ist als das Jordansche.

Arbeitsaufwand des Gauß'schen Eliminationsverfahrens.

Um die Anzahl der Operationen abzuschätzen, die allein bei den Eliminationen gemacht worden sind, betrachten wir ein Programmteil in ALGOL, das diesen Prozeß realisiert. Wir gehen davon aus, daß $a_{i\ n+1} := b_i$ für $i = 1, \ldots, n$ gesetzt, also die Matrix A um die Spalte b, der rechten Seite des Gleichungssystems, erweitert worden ist.

```
for j = 1 step 1 until n - 1 do
    (for i = j + 1 step 1 until n do
          (z = a_ij/a_jj ;
      for l = j + 1 step 1 until n + 1 do
          a_il = a_il - z · a_jl ) ) ;
```

Man sieht, daß hier drei Schleifen ineinander geschachtelt sind, d. h., daß größenordnungsmäßig n^3 Operationen ablaufen werden. Eine genauere Auskunft bekommt man, wenn man sich zunächst die inneren Schleifen anschaut. Die l-Schleife wird $(n - j + 1)$-mal durchlaufen, die i-Schleife $(n - j)$-mal. Also hat man $(n - j)(n - j + 1)$ Subtraktionen und Multiplikationen in diesen Schleifen durchzuführen. Da j in der j-Schleife von 1 bis $n - 1$ läuft, beträgt die Gesamtzahl der Multiplikationen und Subtraktionen $\sum_{j=1}^{n-1} (n - j)(n - j + 1) = \frac{1}{3}(n^3 - n)$. Hinzu kommen $\sum_{j=1}^{n-1} (n - j) = \frac{1}{2} n (n - 1)$ Divisionen der dritten Programmzeile. Die Auflösung des gestaffelten Gleichungssystems verlangt schließlich entsprechend der Formel (6) weitere $\sum_{j=1}^{n-1} (n - j) = \frac{1}{2} n (n - 1)$ Multiplikationen und Subtraktionen sowie n Divisionen.
Insgesamt gesehen, bedeutet dies, der Zeitaufwand für die Lösung eines linearen Gleichungssystems nach dem Gaußschen Algorithmus wächst im wesentlichen mit der dritten Potenz der Anzahl der Unbekannten. Mit einer Kurbelrechenmaschine kann man am Tag etwa 8 Gleichungen mit 8 Unbekannten invertieren. Man sieht, daß bei sechzehn Unbekannten bereits eine Arbeit von mehr als einer Woche erforderlich wäre.
Es gibt verschiedene Varianten des Eliminationsverfahrens nach Gauß, sie unterscheiden sich jedoch weitgehend nur durch eine andere Organisation des Arbeitsablaufs. Die Gaußsche Elimination läuft, als Matrixoperation interpretiert, abgesehen von der Pivotisierung auf eine Faktorisierung der Ausgangsmatrix A in der Form

$$(8) \qquad A = L \cdot R \qquad \text{oder} \quad L^{-1} A = R$$

hinaus, wobei L eine untere und R eine obere Dreiecksmatrix ist, d. h. Matrizen, bei denen oberhalb bzw. unterhalb der Diagonalen nur Nullen auftreten.

R entspricht der in (5) dargestellten Koeffizientenmatrix und L ist die Matrix

$$L = \begin{pmatrix} 1 & & & & \\ l_{21} & 1 & & 0 & \\ l_{31} & l_{32} & 1 & & \\ & \cdot & \cdot & \cdot & \\ l_{n1} & \cdot & \cdot & \cdot & 1 \end{pmatrix}$$

mit den in (2) definierten Quotienten l_{ij}. Hat man ein lineares Gleichungssystem $Ax = b$ für verschiedene Vektoren b aufzulösen, so ist es zweckmäßig, die beiden Matrizen L und R zu speichern. Man braucht dann jeweils nur noch die beiden gestaffelten Gleichungssysteme

(9) $\quad Ly = b \qquad$ und $\quad Rx = y$

aufzulösen. Dabei kommt man jetzt lediglich mit größenordnungsmäßig n^2 Multiplikationen und Additionen aus.

Beispiel: Gegeben sei ein lineares Gleichungssystem mit der Matrix

$$A = \begin{pmatrix} 8 & 12 & 16 \\ 4 & 10 & 14 \\ 2 & 5 & 1 \end{pmatrix} .$$

Man sieht, daß im ersten Eliminationsschritt die Quotienten

$$l_{21} = \frac{1}{2} \quad \text{und} \quad l_{31} = \frac{1}{4}$$

erforderlich sind, die Matrix A geht hierbei über in

$$\begin{pmatrix} 8 & 12 & 16 \\ 0 & 4 & 6 \\ 0 & 2 & -3 \end{pmatrix} .$$

Beim zweiten Eliminationsschritt ist $l_{32} = \frac{1}{2}$ zu wählen. Damit ist die $L \cdot R$-Zerlegung von A beendet:

$$A = \begin{pmatrix} 8 & 12 & 16 \\ 4 & 10 & 14 \\ 2 & 5 & 1 \end{pmatrix} = \begin{pmatrix} 1 & 0 & 0 \\ 1/2 & 1 & 0 \\ 1/4 & 1/2 & 1 \end{pmatrix} \cdot \begin{pmatrix} 8 & 12 & 16 \\ 0 & 4 & 6 \\ 0 & 0 & -6 \end{pmatrix} = L \cdot R.$$

Ist jetzt das Gleichungssystem $Ax = b$ für einen bestimmten Vektor b etwa $b = \begin{pmatrix} 8 \\ 10 \\ -1 \end{pmatrix}$ zu lösen, so kann dies nach (9) sehr einfach durch Auflösung der beiden gestaffelten Gleichungen $Ly = b$ und $Rx = y$ geschehen. Aus

$$Ly = \begin{pmatrix} 1 & 0 & 0 \\ 1/2 & 1 & 0 \\ 1/4 & 1/2 & 1 \end{pmatrix} \cdot \begin{pmatrix} y_1 \\ y_2 \\ y_3 \end{pmatrix} = \begin{pmatrix} 8 \\ 10 \\ -1 \end{pmatrix} = b$$

folgt von der ersten Zeile ausgehend nacheinander

$$y_1 = 8, \; y_2 = 10 - \frac{1}{2} y_1 = 6 \; \text{ und } \; y_3 = -1 - \frac{1}{4} y_1 - \frac{1}{2} y_2 = -6.$$

Danach erhält man schließlich aus

$$Rx = \begin{pmatrix} 8 & 12 & 16 \\ 0 & 4 & 6 \\ 0 & 0 & -6 \end{pmatrix} \cdot \begin{pmatrix} x_1 \\ x_2 \\ x_3 \end{pmatrix} = \begin{pmatrix} 8 \\ 6 \\ -6 \end{pmatrix} = y$$

die gesuchte Lösung

$$x_3 = 1, \quad x_2 = \frac{1}{4}(6 - 6x_3) = 0 \quad \text{und} \quad x_1 = \frac{1}{8}(8 - 12x_2 - 16x_1) = -1.$$

Derartige Rechnungen empfehlen sich als praktische Beispiele zur Matrizenrechnung im Schulunterricht.

Bemerkungen:

1. Im Verfahren von Gauß-Banachiewicz werden die Elemente von L und R in einer solchen Reihenfolge ermittelt, daß man sie sofort in die Plätze der ursprünglichen Matrixelemente hineinspeichern kann, wobei man nur solche Elemente überschreibt, die im folgenden nicht mehr gebraucht werden.
2. Als Anwendung für die Lösung eines linearen Gleichungssystems für mehrere b mag die Inversion einer Matrix A erwähnt werden. Man kann die Berechnung der Inversen $X = (x^{(1)}, \ldots, x^{(n)})$ auffassen als Lösung von

$$A(x^{(1)}, \ldots, x^{(n)}) = \begin{pmatrix} 1 & & 0 \\ & \ddots & \\ 0 & & 1 \end{pmatrix} \quad \text{oder} \quad AX = E,$$

also der n Gleichungssysteme

$$Ax^{(i)} = e_i, \quad i = 1, \ldots, n,$$

wenn e_i den i-ten Einheitsvektor bezeichnet.

3. Hat die Matrix A wie in vielen praktischen Fällen Bandgestalt, d. h., sind beispielsweise nur je eine obere und untere Nebendiagonale und die Hauptdiagonale mit von Null verschiedenen Elementen besetzt, so braucht man pro Zeile nur einen Eliminationsschritt gemäß (2) auszuführen. Die Anzahl der Operationen geht dann von n^3 auf größenordnungsmäßig n herunter (vgl. Aufgaben).
4. Eine einmalige $L \cdot R$-Zerlegung der Matrix A und Speicherung von L und R zur weiteren Verwendung empfiehlt sich auch in dem Falle, daß die numerische Lösung $\tilde{x}$ eines Gleichungssystems $Ax = b$ ungenau ist und durch eine Korrektur Δx verbessert werden soll.

Ungenauigkeiten treten z. B. auf, wenn „die Kondition der Matrix A" schlecht ist, so daß die exakte Lösung x durch Rundungsfehler zu $\tilde{x}$ verfälscht worden ist. Der Defekt

$$d = b - A\tilde{x} = A(x - \tilde{x})$$

ist dann nicht Null, sollte aber zunächst größenordnungsmäßig kleiner als b sein.

Löste man

$$d = A \cdot \Delta x,$$

so wäre $x = \tilde{x} + \Delta x$ die exakte Lösung.
Bei schlechter Kondition wird man jedoch auch für Δx numerisch nur einen Näherungswert $\widetilde{\Delta x}$ finden. Weil aber $\tilde{x}$ und $\widetilde{\Delta x}$ mit relativ gleich großen Fehlern behaftet sein werden, so wird $\widetilde{\Delta x}$ zu $\tilde{x}$ größenordnungsmäßig im gleichen Verhältnis stehen wie d zu b. Die relative Genauigkeit von $x^{(1)} = \tilde{x} + \widetilde{\Delta x}$ als verbesserte Näherungslösung des Gleichungssystems $Ax = b$ wird also wesentlich höher sein als die von $\tilde{x}$. Man könnte diesen Prozeß sogar mit $d^{(1)} = b - A \cdot x^{(1)}$ iterieren.

2. Iterative Methoden

Um das Charakteristikum der Iterationsmethoden zu zeigen, sei zunächst ein Beispiel angeführt

(10) $$\begin{aligned} x_1 + 0.03\,x_2 &= 7 \\ 0.1 \cdot x_1 + x_2 &= 9. \end{aligned}$$

Man sollte lernen, aus einer solchen Gleichung das ungefähre Ergebnis abzulesen. Es liegt nahe, daß x_1 und x_2 durch 7 bzw. 9 gut angenähert werden. Geht man mit diesen Näherungswerten in die Gleichung ein, so empfiehlt sich ein Verfahren zur Verbesserung gemäß der Vorschrift

$$x^{j+1} := \begin{pmatrix} x_1^{j+1} \\ x_2^{j+1} \end{pmatrix} = \begin{pmatrix} 7 \\ 9 \end{pmatrix} - \begin{pmatrix} 0.03\,x_2^j \\ 0.1\,x_1^j \end{pmatrix},$$

und man erhält für zwei Iterationsschritte die Werte $x^1 = \begin{pmatrix} 6.73 \\ 8.3 \end{pmatrix}$ und $x^2 = \begin{pmatrix} 6.75 \\ 8.33 \end{pmatrix}$, bei Mitführen von zwei Stellen hinter dem Komma ist die Iteration damit zum Stehen gekommen. Das Iterationsverfahren entstand in diesem Falle durch Übertragen der „kleinen Größen" auf die rechte Seite der Gleichungen.
Die abstrakte Formulierung des Iterationsverfahrens verläuft so: Man zerlegt die Matrix A des zu lösenden Gleichungssystems $Ax = b$ in eine untere Dreiecksmatrix, die Diagonale und die obere Dreiecksmatrix

(11) $A = L + D + R$,

anschaulich

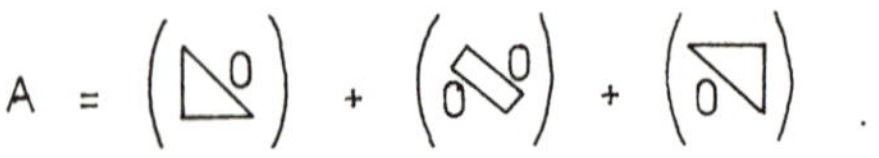

Man kann oBdA annehmen, daß die Diagonalelemente von A alle von 0 verschieden sind, sonst brauchte man nur die Gleichungen umzuordnen. Generell sollte man durch Umordnen möglichst große Elemente in die Diagonale übertragen. Weiterhin sei oBdA $a_{ii} = 1$ für $i = 1, \ldots, n$ angenommen, was gegebenenfalls durch eine entsprechende Division jeder Zeile (Gleichung) erreicht werden kann. Dann erhält man analog zum obigen Vorgehen aus $A \cdot x = b$ das Iterationsschema

(12) $x^{j+1} = b - (L + R)\, x^j$.

Um die Konvergenz dieses Verfahrens zu untersuchen, betrachten wir die Iterationsfunktion

(13) $G(x) := b - C_g \cdot x, \qquad C_g = L + R$

und den Algorithmus

(14) $x^{j+1} = G(x^j)$,

wobei mit einem beliebigen x^0 des $\mathbb{R}^n$, in der Regel dem Vektor 0, gestartet wird. Die Lösung des Gleichungssystems ist Fixpunkt von G. Zur Ermittlung soll der Kontraktionssatz (Satz 2 in Kapitel III) für Vektoren angewendet werden. Dazu muß man zunächst den Abstand zwischen zwei Vektoren x und y definieren. Wir verwenden die Norm

(15) $\|x\| := \max\limits_{1 \le j \le n} |x_j| \qquad$ und als Abstand $\|x - y\|$.

Ferner muß abgeschätzt werden können, wie ein Vektor durch eine Matrixmultiplikation verzerrt wird. Sei B eine Matrix (b_{ik}), für die Norm des Vektors Bx gilt dann

$$\|Bx\| = \max_{1 \le i \le n} \left| \sum_{k=1}^{n} b_{ik} \cdot x_k \right|.$$

Es sei dem Leser überlassen zu verifizieren, daß es zu gegebenem B einen Vektor mit $\|x\| = 1$ derart gibt, daß

$$\|B \cdot x\| = \max_{1 \le i \le n} \sum_k |b_{ik}|$$

gilt (vgl. Aufgaben).
Setzt man

(16) $|||B||| = \max\limits_{1 \le i \le n} \sum\limits_{k=1}^{n} |b_{ik}|$,

dann gilt die Abschätzung

(17) $\|Bx\| \leqq |||B||| \cdot \|x\|$,

wovon wir im folgenden mehrfach Gebrauch machen werden. Man nennt $|||B|||$ auch die Zeilensummennorm von B. Wir bemerken nur, daß die Vorzeichen der Elemente von B bei der Normbildung keine Rolle spielen, so daß mit

$$|B| = \begin{pmatrix} |b_{11}| \dots |b_{1n}| \\ \vdots \\ |b_{n1}| \dots |b_{nn}| \end{pmatrix} \quad \text{auch } |||\,|B|\,||| = |||B|||$$

und folglich $|||A + B||| \leqq |||\,|A| + |B|\,|||$

gilt.

Mit diesen Hilfsmitteln kann die Abbildung durch die Iterationsfunktion G (x) näher untersucht werden. Es ist

$$G(x) - G(y) = -C_g \cdot (x - y) \quad \text{für beliebige Vektoren } x, y \text{ des } \mathbb{R}^n.$$

Durch den Übergang zu den Normen findet man

$$(18) \quad \|G(x) - G(y)\| \leqq |||C_g||| \cdot \|x - y\|.$$

Ist die Kontraktionszahl k, gegeben durch die Norm von $C_g = L + R$, kleiner als 1, so erhält man nach dem Kontraktionssatz die Existenz und Eindeutigkeit eines Fixpunktes, denn der $\mathbb{R}^n$ ist ein vollständiger metrischer Raum, d. h., jede Folge von Vektoren, deren Komponenten konvergieren, besitzt einen Grenzvektor im $\mathbb{R}^n$. Seine Komponenten sind die Grenzwerte der Folgen der einzelnen Komponenten. Zusammenfassendes Ergebnis ist

Satz 1: *Das Iterationsverfahren* (12), *auch Gesamtschrittverfahren genannt, konvergiert, wenn* $|||L + R||| < 1$ *erfüllt ist. Der Grenzvektor löst das Gleichungssystem* (1).

Man kann diese Konvergenzbedingung auch mit Hilfe der Elemente der ursprünglich gegebenen Matrix A formulieren. Um die Diagonalelemente zu 1 zu normieren, muß man jede der Gleichungen mit a_{ii} dividieren, so daß aus den Elementen der ursprünglichen Matrix die Elemente $\frac{a_{ik}}{a_{ii}}$ entstehen. $|||L + R||| < 1$ bedeutet also

$$\sum_{\substack{k=1 \\ k \neq i}}^{n} \left| \frac{a_{ik}}{a_{ii}} \right| < 1 \qquad \text{oder}$$

$$(19) \quad \sum_{\substack{k=1 \\ k \neq i}}^{n} |a_{ik}| < |a_{ii}| \qquad \text{für } i = 1, \ldots, n.$$

Diese hinreichende Bedingung für die Konvergenz des Gesamtschrittverfahrens wird **Zeilensummenkriterium** genannt.

Im obigen Beispiel (10) wäre es sinnvoll gewesen, bei jedem Iterationsschritt bereits den berechneten neuen Wert von x_1 zur Bestimmung des neuen x_2 zu verwenden. Man hätte in diesem Falle beispielsweise statt des Vektors x^1 in der zweiten Komponente sofort den Wert 8.33 erhalten, so daß die Iteration für x_2 bereits nach einem Schritt zum Stehen gekommen wäre. Es ist also zu erwarten, daß es sich lohnt, bei jedem Iterationsschritt nicht mehr die alten, sondern schon die neu berechneten Komponenten von x bei der Berechnung der nachfolgenden Komponenten zu verwenden. Diesem Vorgehen entspricht das Gleichungssystem

$$(20) \quad \begin{aligned} x_1^{neu} &= b_1 \qquad\qquad - a_{12}x_2^{alt} - a_{13}x_3^{alt} - \ldots \qquad - a_{1n}x_n^{alt} \\ x_2^{neu} &= b_2 - a_{21}x_1^{neu} \qquad - a_{23}x_3^{alt} - \ldots \qquad - a_{2n}x_n^{alt} \\ &\vdots \qquad \vdots \qquad \vdots \\ x_n^{neu} &= b_n - a_{n1}x_1^{neu} - a_{n2}x_2^{neu} - \ldots \qquad - a_{nn-1}x_{n-1}^{neu}. \end{aligned}$$

Hier ist wieder $a_{ii} = 1$ für alle i vorausgesetzt.

Es ist offenkundig, daß man aus den vorhandenen alten x-Werten die neuen komponentenweise bestimmen kann. Dies macht deutlich, daß die bei der nun folgenden abstrakten Formulierung auftretende Matrix $E + L$ invertierbar ist. Mit den bereits beim Gesamtschrittverfahren eingeführten Bezeichnungen für die Zerlegung der Matrix A können wir nämlich das System (20) umschreiben zu

$$E \cdot x^{j+1} = b - L \cdot x^{j+1} - Rx^j$$

oder

(21) $$x^{j+1} = (E + L)^{-1} \cdot b - (E + L)^{-1} \cdot Rx^j.$$

Als Iterationsmatrix für dieses sogenannte **Einzelschrittverfahren** findet man also

(22) $$C_e = (E + L)^{-1} \cdot R.$$

Wie beim obigen Gesamtschrittverfahren folgt aus dem Kontraktionssatz unmittelbar der

Satz 2: *Das Einzelschrittverfahren* (21) *konvergiert, wenn* $|||(E + L)^{-1} \cdot R||| < 1$ *erfüllt ist. Der Grenzvektor löst das Gleichungssystem* (1).

Das obige Beispiel mag zu der Annahme verleiten, das Einzelschrittverfahren konvergiere immer „besser" als das Gesamtschrittverfahren. Es gibt jedoch Matrizen A, die zu Gleichungssystemen führen, bei denen das Gesamtschrittverfahren konvergiert, das Einzelschrittverfahren nicht konvergiert, und umgekehrt.
Es läßt sich aber immerhin zeigen, daß das „Zeilensummenkriterium" (19) nicht nur die Konvergenz des Gesamtschritt- sondern auch des Einzelschrittverfahrens sichert, wobei die für die Konvergenz zuständige Kontraktionszahl $|||C_e|||$ im zweiten Fall nicht größer sein kann als $|||C_g||| = |||L + R|||$ beim Gesamtschrittverfahren. Wir zeigen dies in

Satz 3: *Ist* $|||L + R||| < 1$, *so konvergiert nicht nur das Gesamtschrittverfahren, sondern auch das Einzelschrittverfahren und es gilt*

$$|||C_e||| \leqq |||L + R||| = |||C_g||| \qquad \text{mit } C_e = (E + L)^{-1} \cdot R.$$

Beweis: (nach einer brieflichen Mitteilung von W. Velte)
Der Beweis stützt sich sehr stark auf die Eigenschaften der oben definierten Matrixen-Normen. Zu untersuchen ist die Norm von

$$C_e := (E + L)^{-1} \cdot R.$$

Zunächst wird eine andere Darstellung für C_e hergeleitet. Es gilt

$$R = (E + L) \cdot C_e$$

und deshalb

$$C_e = R - L \cdot C_e.$$

Wir gehen nun zu den Normen über und erhalten

$$|||C_e||| = |||R - L \cdot C_e||| \leqq |||\,|R| + |L \cdot C_e|\,||| \leqq |||\,|R| + |L| \cdot |||C_e|||\,|||.$$

(Die zuletzt benutzte Abschätzung wird in einer Aufgabe näher ausgeführt).

Da die Norm bezüglich der Elemente der Matrizen $|R|$ und $|L|$ monoton ist, vergrößert man sie, wenn man die Faktoren beider Matrizen auf max $(1, |||C_e|||)$ erhöht und anschließend den gemeinsamen Faktor aus der Norm herauszieht. Man bekommt auf diese Weise die Abschätzung

$$|||C_e||| \leqq \max(1, |||C_e|||) \cdot ||| \, |R| + |L| \, |||.$$

Da bei der Addition der Dreiecksmatrizen L und R nie zwei von Null verschiedene Elemente addiert werden und nach Voraussetzung $|||L+R||| < 1$ gilt, ist

$$||| \, |R| + |L| \, ||| = |||L+R||| \text{ und}$$

$$|||C_e||| \leqq \max(1, |||C_e|||) \cdot |||L+R||| < \max(1, |||C_e|||).$$

Wäre $|||C_e||| \geqq 1$, so folgte aus der letzten Ungleichung der Widerspruch

$$|||C_e||| < |||C_e|||.$$

Also muß $|||C_e||| < 1$ gelten, und aus der zuletzt genannten Abschätzung ergibt sich

$$|||C_e||| \leqq |||L+R||| = |||C_g|||.$$

Aus $|||C_g||| < 1$ folgt daher $|||C_e||| < 1$ und somit nach Satz 2 die Konvergenz des Einzelschrittverfahrens. ■

Erfüllt das Gesamtschrittverfahren oder das Einzelschrittverfahren wie in Satz 1 bzw. Satz 2 die Voraussetzung des Kontraktionssatzes, d.h. besitzt $|||C_g|||$ bzw. $|||C_e|||$ als Kontraktionskonstante einen Wert $k < 1$, so können die aus dem Kontraktionssatz hergeleiteten Formeln (13) und (14) in Kapitel III für eine Fehlerabschätzung herangezogen werden. Sie lauten hier

$$\|x^* - x^j\| \leqq \frac{k}{1-k} \|x^{j-1} - x^j\| \quad \text{bzw.}$$

$$\|x^* - x^j\| \leqq \frac{k^j}{1-k} \|x^1 - x^0\| \tag{23}$$

mit $k = |||C_g||| < 1$ bzw. $k = |||C_e||| < 1$.

Häufig gilt nur das sogenannte „Schwache Zeilensummenkriterium", d.h.

$$\sum_{\substack{k=1 \\ k \neq i}}^{n} |a_{ik}| \leqq |a_{ii}| \quad \text{für } i = 1, \ldots, n,$$

mit dem Zusatz, daß es wenigstens einen Index i_0 gibt, bei dem die strenge Ungleichheit besteht. Solche Matrizen, die diesem schwachen Zeilensummenkriterium genügen, treten oft bei der Diskretisierung von Differentialgleichungsproblemen auf. Eine derartige Diskretisierung zeigt z.B. die Aufgabe 2. Das angegebene „Schwache Zeilensummenkriterium" reicht noch nicht für eine Konvergenzaussage aus. Als Beispiel betrachte man ein Gleichungssystem $Ax = b$ mit

$$A = \begin{pmatrix} 1 & 1 & 0 \\ 1 & 1 & 0 \\ 0 & 0 & 1 \end{pmatrix}, \quad b = \begin{pmatrix} 3 \\ 4 \\ 0.1 \end{pmatrix}.$$

Schreibt man das Gleichungssystem etwa für das Gesamtschrittverfahren um, so erhält man

$$\begin{pmatrix} x_1 \\ x_2 \\ x_3 \end{pmatrix}^{j+1} = \begin{pmatrix} 3 \\ 4 \\ 0.1 \end{pmatrix} - \begin{pmatrix} x_2 \\ x_1 \\ 0 \end{pmatrix}^{j}, \qquad \begin{pmatrix} x_1 \\ x_2 \end{pmatrix}^{j+2} = \begin{pmatrix} 3 \\ 4 \end{pmatrix} - \begin{pmatrix} 4 \\ 3 \end{pmatrix} + \begin{pmatrix} x_1 \\ x_2 \end{pmatrix}^{j}.$$

Daraus folgt $x_3 = 0.1$. Für die beiden anderen Komponenten ergibt der Ansatz $x_1^0 = 3$, $x_2^0 = 4$ für einige Iterationsschritte die Werte

$$\begin{pmatrix} -1 \\ 1 \end{pmatrix}, \begin{pmatrix} 2 \\ 5 \end{pmatrix}, \begin{pmatrix} -2 \\ +2 \end{pmatrix}, \begin{pmatrix} 1 \\ 6 \end{pmatrix}, \begin{pmatrix} -3 \\ +3 \end{pmatrix}, \ldots .$$

Dieses Verfahren scheint also zu divergieren.

Daß dies so sein muß, hätte man sofort ablesen können, wenn man die Gleichungen elementar ausschreibt, denn man erhält

$$\begin{aligned} x_1 + x_2 &= 3 \\ x_1 + x_2 &= 4 \\ x_3 &= 0{,}1 \end{aligned}$$

und dieses Gleichungssystem kann keine endlichen Lösungen haben, die beiden ersten Gleichungen beschreiben zwei parallele Ebenen im $\mathbb{R}^3$ bzw. $\mathbb{C}^3$.

Es läßt sich eine zusätzliche Eigenschaft formulieren, die zusammen mit dem schwachen Zeilensummenkriterium Konvergenz garantiert. Man nennt eine Matrix A **zerlegbar,** wenn man sie durch Zeilen- und Spaltenvertauschungen auf die Form

$$\left(\begin{array}{c|c} * & 0 \\ \hline * & * \end{array}\right)$$

bringen kann. Formalisiert besagt dies, eine Matrix A heißt zerlegbar, wenn man die Indizes 1, . . . , n der Zeilen und Spalten so in zwei Teilmengen Z_1 und Z_2 zerlegen kann, daß die Elemente a_{ik} verschwinden, wenn i aus Z_1 und k aus Z_2 gilt. Dann braucht man nur durch Permutation die Zeilen und Spalten mit den Indizes aus Z_1 bzw. Z_2 nach oben bzw. hinten zu bringen, um die skizzierte Matrixform zu bekommen.

Eine solche Zerlegung der Matrix impliziert für das Gleichungssystem, daß man zunächst die Unbekannten x_j mit $j \in Z_1$ aus den Zeilen mit Indizes aus Z_1 berechnen, diese in die Zeilen mit Indizes aus Z_2 einsetzen und die noch verbleibenden Unbekannten mit Indizes aus Z_2 bestimmen kann. Es soll hier nicht bewiesen, sondern nur erwähnt werden, daß gilt

Satz 4: *Ist das „schwache Zeilensummenkriterium" erfüllt und die Matrix A nicht zerlegbar, so konvergieren Gesamtschrittverfahren und Einzelschrittverfahren.*

Notwendige und hinreichende Bedingung für die Konvergenz von Gesamt- und Einzelschrittverfahren.

Die beiden geschilderten Verfahren (12) und (21) lassen sich allgemein als Iterationsvorschrift

$$x^{j+1} = G(x^j)$$

schreiben, die Lösung x^* des Gleichungssystems ist Fixpunkt von G,

$$x^* = G(x^*).$$

Demnach gilt die Gleichung

(24) $x^{j+1} - x^* = G(x^j) - G(x^*) = -C(x^j - x^*)$,

wobei C mit der eingeführten Matrix C_g oder C_e übereinstimmt, je nachdem welches Verfahren man betrachtet. Aus (24) folgt rekursiv

$$x^{j+1} - x^* = C^2(x^{j-1} - x^*) = \ldots = (-C)^j(x^1 - x^*).$$

Die Angabe notwendiger und hinreichender Bedingungen für die Konvergenz des Iterationsverfahrens für jeden beliebigen Startvektor läuft also darauf hinaus zu entscheiden, wann für $j \to \infty$ die Matrixfolge C^j gegen die Null-Matrix strebt. Um diese Aussage machen zu können, definieren wir zunächst als Eigenwert einer Matrix C eine Zahl λ, zu der es einen vom Nullvektor verschiedenen Vektor x mit

(25) $Cx = \lambda x$

gibt. Für diesen sogenannten Eigenvektor x folgt $C^2x = \lambda^2 x$ und allgemein

(26) $C^j x = \lambda^j x$.

Den Betrag des betragsgrößten Eigenwertes von C nennt man auch Spektralradius $\rho(C)$ der Matrix.

Satz 5: *Die Potenzen* C^j *einer Matrix C konvergieren für* $j \to \infty$ *genau dann gegen die Null-Matrix, wenn* $\rho(C) < 1$ *ist.*

Beweis: Wir wollen hier nur den Beweis für die Notwendigkeit der Bedingung ausführen. Es sei λ ein Eigenwert von C und x ein zugehöriger Eigenvektor; weil (26) eine in x lineare Gleichung ist, kann die Normierung $\|x\| = 1$ vorausgesetzt werden. Dann erhält man aus (26)

$$\|C^j x\| = \|\lambda^j x\| = |\lambda^j| \cdot \|x\| = |\lambda|^j.$$

Aus der Konvergenz von C^j gegen die Null-Matrix folgt $\|C^j x\| \to o$ für jeden Vektor x. Dies impliziert, daß $|\lambda| < 1$ gelten muß. Demnach ist $\rho(C) < 1$ eine notwendige Bedingung für die besagte Konvergenz von C^j.

Um zu zeigen, daß diese Bedingung auch hinreichend ist, werden tieferliegende algebraische Hilfsmittel (Jordansche Normalform von Matrizen) benötigt; zu diesem Beweismittel sei auf die Lehrbuchliteratur verwiesen. ■

Hinreichende und notwendige Bedingung für die Konvergenz des Gesamt- oder Einzelschrittverfahrens ist also, daß $\rho(C_g) < 1$ bzw. $\rho(C_e) < 1$ gilt, d.h. alle Eigenwerte von C_g bzw. C_e dem Betrag nach kleiner als 1 sind. Verfahren zur numerischen Berechnung von Eigenwerten einer Matrix werden in Band II behandelt.

Bemerkungen:

1. Man kann der Formel (24) entnehmen, daß der Fehler $\varepsilon_j = x^j - x^*$ der Ungleichung

$$\|\varepsilon_j\| \leqq |||C||| \cdot \|\varepsilon_{j-1}\| \leqq |||C|||^j \cdot \|\varepsilon_0\|$$

genügt und die Konvergenz demnach wegen

$$\frac{\|\varepsilon_j\|}{\|\varepsilon_{j-1}\|} \leqq |||C|||.$$

zumindest linear ist.

2. Liegt $|||C||| \in [0, 1)$ in der Nähe von 1, so ist die Konvergenz unter Umständen sehr langsam, und dies kann zu unbrauchbaren Iterationsverfahren führen. Man versucht deshalb, die Konvergenz zu verbessern, und schreibt das Iterationsverfahren, z. B. das Gesamtschrittverfahren, in folgender Form

$$\begin{aligned} x^{j+1} &= b - (L + R)\, x^j - Ex^j + Ex^j \\ &= x^j + (b - Ax^j). \end{aligned}$$

In dieser Formel kann man den Defekt $(b - Ax^j)$ mit einem zusätzlichen konvergenzbeschleunigenden Faktor ω versehen. Es gibt eine umfangreiche Literatur über die Wahl des Faktors ω zur Konvergenzverbesserung. In der englischen Literatur nennt man dieses Vorgehen „overrelaxation". ω muß dabei zwischen 0 und 2 liegen.

Für die bei den Differentialgleichungen auftretenden Differenzengleichungen sind zahlreiche Techniken entwickelt worden, um die Konvergenz zu beschleunigen, vgl. [15] von Varga.

3. Der Fixpunktsatz gibt die Abschätzungen (13) für den Abbruch- und Rundungsfehler, bei denen im Nenner der Ausdruck $1 - k$ auftritt, wobei k die im Kontraktionssatz vorkommende Kontraktionskonstante ist. Liegt sie nahe bei 1, so kann die Abschätzung unrealistisch groß werden.

Betrachtet man beispielsweise

$$\begin{pmatrix} x_1 \\ x_2 \end{pmatrix} = \begin{pmatrix} 7 \\ 9 \end{pmatrix} + \begin{pmatrix} 0.03\, x_2 \\ 0.1\, x_1 \end{pmatrix}$$

und führt einige Iterationsschritte aus, beginnend mit $x_1^0 = 7$, $x_2^0 = 9$,

$$\begin{pmatrix} 7 \\ 9 \end{pmatrix}, \quad \begin{pmatrix} 7.27 \\ 9.7 \end{pmatrix}, \quad \begin{pmatrix} 7.291 \\ 9.927 \end{pmatrix}, \quad \ldots,$$

so sieht man, daß die einzelnen Komponenten bei jedem Iterationsschritt monoton anwachsen. Dieser Sachverhalt beruht darauf, daß auf der rechten Seite der Gleichungen die Faktoren vor den Größen x_1 und x_2 positiv sind und beim ersten Iterationsschritt die Komponenten anwachsen. Dies läßt sich in folgender Weise verallgemeinern: Man definiert für eine Matrix A

$$A \geqq 0 \text{ genau dann, wenn } a_{ik} \geqq 0 \text{ für } i = 1, \ldots, n \text{ und } k = 1, \ldots, n.$$

Hat man eine Iterationsvorschrift

$$x^{j+1} = b + Ax^j \quad \text{mit } A \geqq 0$$

vorliegen und gilt

$$x^0 \leqq x^1,$$

(diese Ungleichung ist ebenfalls komponentenweise zu verstehen), so erhält man

$$(x^{j+1} - x^j) = A\,(x^j - x^{j-1}) \geqq 0,$$

woraus zu erkennen ist, daß die Iteration eine Folge monoton anwachsender Vektoren erzeugt. Wenn die Folge überhaupt konvergiert, so kann man bei der angegebenen Monotonie schließen, daß die Monotonie sich auch auf das Grenzelement x^* überträgt.

$$x^0 \leqq x^1 \leqq x^2 \leqq \ldots \leqq x^*.$$

Ist andererseits

$$x^0 \geqq x^1$$

erfüllt, so folgt

$$x^{j+1} - x^j = A\,(x^j - x^{j-1}) \leqq 0.$$

Man kann auf diese Weise sehr scharfe obere und untere Schranken für die Lösung des linearen Gleichungssystems bekommen.

3. Aufgaben

1. Man führe die Auflösung folgender Gleichungssysteme durch, gebe die dabei auftretende Zerlegung $A = L \cdot R$ an und vergleiche die Anzahl der benötigten Rechenoperationen.

a)
$$\begin{aligned} x_1 + \tfrac{1}{2}\cdot x_2 &= 1 \\ \tfrac{1}{2}\cdot x_1 + x_2 + \tfrac{1}{2}\cdot x_3 &= 1 \\ \tfrac{1}{2}\cdot x_2 + x_3 + \tfrac{1}{2}\cdot x_4 &= 1 \\ \tfrac{1}{2}\cdot x_3 + x_4 &= 1 \end{aligned}$$

b)
$$\begin{aligned} x_1 + \tfrac{1}{2}\cdot x_2 + \tfrac{1}{3}\cdot x_3 + \tfrac{1}{4}\cdot x_4 &= 1 \\ \tfrac{1}{2}\cdot x_1 + \tfrac{1}{3}\cdot x_2 + \tfrac{1}{4}\cdot x_3 + \tfrac{1}{5}\cdot x_4 &= 1 \\ \tfrac{1}{3}\cdot x_1 + \tfrac{1}{4}\cdot x_2 + \tfrac{1}{5}\cdot x_3 + \tfrac{1}{6}\cdot x_4 &= 1 \\ \tfrac{1}{4}\cdot x_1 + \tfrac{1}{5}\cdot x_2 + \tfrac{1}{6}\cdot x_3 + \tfrac{1}{7}\cdot x_4 &= 1 \end{aligned}$$

2. Die Funktion $y = \sin x$ ist in $0 \leq x \leq \frac{\pi}{2}$ die (eindeutige) Lösung der Differentialgleichung $a_2y'' + a_1y' + a_0y = 0$ mit den Randbedingungen $y(0) = 0$, $y(\frac{\pi}{2}) = 1$ für $a_2 = a_0 = 1$, $a_1 = 0$.

Man kann mit Hilfe einer Differenzengleichung eine Näherungslösung u (x) gewinnen. Diese Methode verwendet man vor allem, wenn die Koeffizienten $a_0(x)$, $a_1(x)$, $a_2(x)$ Funktionen von x sind. Zur Herleitung dieser Gleichung definiere man $u_j := u\left(\frac{j\pi}{2n}\right)$ für $j = 0, \ldots, n$ und ersetze

$$u'\left(\frac{j\pi}{2n}\right) \text{ durch } \frac{u_{j+1} - u_{j-1}}{2h},$$

$$u''\left(\frac{j\pi}{2n}\right) \text{ durch } \frac{u_{j+1} - 2u_j + u_{j-1}}{h^2}, \quad h = \frac{\pi}{2n}.$$

a) Man stelle ein Gleichungssystem für die u_j auf.

b) Man löse das System für kleine Werte von n etwa 3,4 und vergleiche die Ergebnisse mit den Werten der angegebenen exakten Lösung der Differentialgleichung.

3. Die $n \times n$-Matrix A besitze eine $L \cdot R$-Zerlegung. Man zeige, daß die Elemente l_{ik} und r_{jm} mit $i > k$ und $j \leq m$ von L bzw. R sich in folgender Reihenfolge aus der Gleichung $A = L \cdot R$ unter Berücksichtigung von $l_{ii} = 1$ ermitteln lassen (Cholesky-Verfahren):

1.-te Zeile von R
1.-te Spalte von L
2.-te Zeile von R
2.-te Spalte von L
. . .

Man gebe die Formel für das allgemeine Element von L und R an.

4. Die $n \times n$-Matrix A habe Bandgestalt, d. h., es gibt eine natürliche Zahl $m < n$, so daß $a_{ik} = 0$ für $|i - k| \geq m$ gilt. Man zeige, daß bei einer $L \cdot R$-Zerlegung von A, falls diese existiert, die Dreiecksmatrizen L und R ebenfalls Bandgestalt haben.

5. Man führe drei bzw. zwei Schritte für Gesamt- und Einzelschrittverfahren zur Lösung des Gleichungssystems

$$\begin{aligned} 6x_1 + 0.02x_2 &= 12 \\ 0.03x_1 + 5x_2 &= 10 \end{aligned}$$

durch und vergleiche mit der exakten Lösung.

6. Sei A eine nichtsinguläre $n \times n$-Matrix, X eine Näherung von A^{-1}, und es gelte mit der Zeilensummennorm

$$0 < |||E - AX||| < 1.$$

a) Dann ist $X_1 = X + X(E - AX)$ eine „bessere" Näherung von A^{-1}, d. h.

$$|||E - AX_1||| < |||E - AX|||.$$

b) Man berechne nach a) eine Näherungsinverse zu

$$A = \begin{pmatrix} 6 & 0.02 \\ 0.03 & 5 \end{pmatrix} \text{ für den Ansatz } X = \begin{pmatrix} 1/6 & 0 \\ 0 & 1/5 \end{pmatrix}$$

und vergleiche die in a) auftretenden Normen.

7. Es sei B eine beliebige $n \times n$-Matrix, dann gibt es einen Vektor x der Norm 1 mit $\|Bx\| = |||B|||$, wobei

a) $\|x\| = \max |x_j|$ und

$$|||B||| = \max_{1 \leq j \leq n} \sum_k |b_{jk}| \qquad \text{(Zeilensummennorm)}$$

b) $\|x\| = \sum_{j=1}^{n} |x_j|$,

$$|||B||| = \max_{1 \leq k \leq n} \sum_j |b_{jk}| \qquad \text{(Spaltensummennorm)}$$

Man zeige, daß für jeden Vektor gilt

$$\|Bx\| \leq |||B||| \cdot \|x\|.$$

8. Mit den im Text eingeführten Bezeichnungen $|B| = (|b_{ik}|)$ für eine beliebige Matrix B beweise man, daß für die Zeilensummennorm die Abschätzung

$$|||\,|R| + |L \cdot C|\,||| \leq |||\,|R| + |||C||| \cdot |L|\,|||$$

mit drei beliebigen $n \times n$-Matrizen R, L, C gültig ist.

V. OPTIMIERUNG

Die typischen Aufgabenstellungen der Optimierung sind in der angewandten Mathematik verhältnismäßig jungen Datums. Als Vorläufer kann man die von Walter Ritz zur Behandlung von Eigenwertproblemen verwendeten Ansätze aus der Variationsrechnung ansehen. Das Auftreten von Optimierungsprinzipien an sich ist in den Naturwissenschaften weit zurück zu verfolgen. Das Fermatsche Prinzip zur Festlegung des geometrischen Strahlenganges in der Optik ist ein solches Prinzip. Es besagt, daß ein Strahl von einem Punkt zu einem anderen Punkt durch Medien verschiedener optischer Dichte hindurch so verläuft, daß die zum Durchlauf des Weges benötigte Zeit im Vergleich zu benachbarten Wegen optimal ist. Daraus läßt sich beispielsweise das Brechungsgesetz herleiten. Die Behandlung solcher Aufgaben wurde jedoch meist auf die Lösung der zugehörigen Variationsgleichungen zurückgeführt, dies heißt im einfachsten Falle, wie er auch im Gymnasium behandelt wird, daß die Suche nach dem Maximum einer Funktion $f(x)$ zurückgeführt wird auf die Bestimmung der Nullstellen der Ableitung $f'(x)$. Dabei ist dies nur dann richtig, wenn die Extremstellen, insbesondere also die Maxima, im Inneren des betrachteten Argumentbereichs von $f(x)$ liegen. Hat die Funktion am rechten Rande eine positive, bzw. am linken Rande eine negative Ableitung, so tritt auch in den Randpunkten ein zumindest lokales Maximum auf. Als einführende Literatur verweisen wir auf [3] von Collatz und Wetterling sowie auf den Beitrag von Schick in [12].
Optimierungsaufgaben treten in ihrer reinen Form vor allen Dingen in den Wirtschaftswissenschaften, insbesondere in der Betriebswirtschaftslehre auf. Eine typische Aufgabenstellung aus diesem Bereich ist etwa die folgende: es sollen in einem Betrieb zwei Arten von Gegenständen, etwa Tische und Stühle, hergestellt werden. Dafür sind Materialien, z. B. Holz und Leim, erforderlich. Ein Stuhl bringt den Gewinn c_1, ein Tisch bringt den Gewinn c_2. Es sind b_1 m³ Holz und b_2 kg Leim vorhanden. Wie soll man die Produktion lenken, damit ein maximaler Gewinn erzielt wird? Sind x_1 die Anzahl der produzierten Stühle, x_2 der Tische, so soll

$$Q(x) = c_1 \cdot x_1 + c_2 \cdot x_2$$

maximiert werden. Andererseits seien zur Produktion eines Stuhles etwa a_{11} m³ Holz und für die Produktion eines Tisches a_{12} m³ Holz erforderlich, an Leim entsprechend a_{21} und a_{22} kg pro Stuhl bzw. Tisch. Dies führt auf die Nebenbedingungen

$$a_{11}x_1 + a_{12}x_2 \leq b_1$$
$$a_{21}x_1 + a_{22}x_2 \leq b_2.$$

Außerdem sollen die Anzahlen der Stühle und Tische x_1 und x_2 natürlich nicht negativ sein, so daß man die Ungleichungen

$$x_1 \geq 0, \qquad x_2 \geq 0$$

erhält. In diesem Falle wird das Problem sogar noch dadurch kompliziert, daß x_1 und x_2 ganze Zahlen sein sollen. Auf diese Spezialität (ganzzahlige Optimierung) kann in diesem Buch nicht eingegangen werden.
Ein anderes Optimierungsbeispiel könnte die Kostenminimierung betreffen, die bei Transportproblemen auftritt. Es sind für ein und dasselbe Erzeugnis verschiedene Produktionsstätten vorhanden, und die dort erzeugten Waren sind an verschiedene Verkäufer zu liefern. Die Frage ist, wie bei vorgegebener Leistungsfähigkeit der einzelnen Produktionsstätten die Erzeugung so zu steuern ist, daß die Gesamtkosten für den Transport der Ware zu den Verkaufsstellen minimiert werden.

1. Lineare Optimierung

Die beiden genannten Beispiele gehören in den Bereich der linearen Optimierung, deren Aufgabe jetzt allgemein formuliert werden soll. Gegeben sind eine Matrix $\tilde{A}$ reeller Zahlen mit m Zeilen und n Spalten, ein Vektor b aus $\mathbb{R}^m$ und ein Vektor $\tilde{p}$ aus $\mathbb{R}^n$. Es bedeute $\tilde{p}'$ den durch Transponierung aus $\tilde{p}$ entstehenden Vektor. Das lineare Optimierungsproblem besteht darin, die Zielfunktion

(1) $Q(x) = \tilde{p}' \cdot x = p_1 \cdot x_1 + \ldots + p_n \cdot x_n$

unter den Nebenbedingungen

(2) $\tilde{A}x \leq b, \qquad x \geq 0$

zu minimieren oder zu maximieren. Das bedeutet, unter allen Vektoren des $\mathbb{R}^n$, die die Nebenbedingungen erfüllen, ist ein Vektor x^* gesucht, für den die Zielfunktion minimal bzw. maximal ist.
Man beachte, daß nur durch die Nebenbedingungen die Fragestellung überhaupt sinnvoll ist. Eine nichtkonstante lineare Funktion wie $Q(x)$ ist nämlich über dem ganzen n-dimensionalen Raum weder nach oben noch nach unten beschränkt, so daß die Zielfunktion keine endlichen Extremalwerte besitzen würde.
Zur Erläuterung dieser Optimierungsaufgabe soll zunächst ein Beispiel betrachtet werden, das im zweidimensionalen Raum aufgezeichnet werden kann. Gegeben seien die Ungleichungen

$$
(3) \quad \begin{array}{ll}
1. & x_1 + 5x_2 \leq 7 \\
2. & 2x_1 + x_2 \leq 5 \\
3. & 2x_1 + 3x_2 \leq 6
\end{array}
$$

sowie $x_1 \geq 0, \quad x_2 \geq 0$

als Nebenbedingungen und die zu minimierende Zielfunktion

$$Q(x) = -4x_1 - 5x_2 \qquad \text{mit } \tilde{p}' = (-4, -5).$$

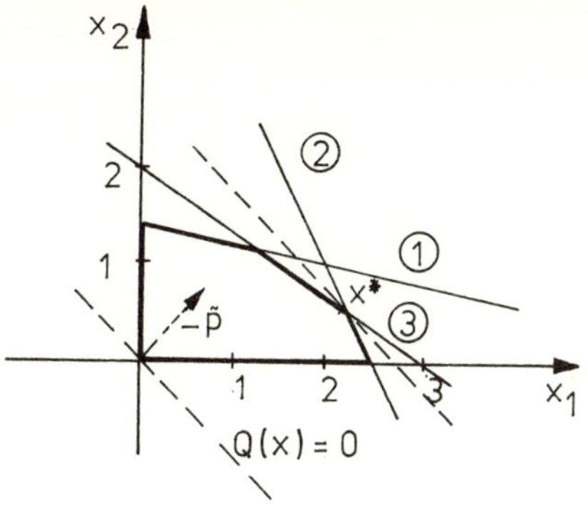

Figur 5.1

Diese Aufgabe läßt sich in der Ebene geometrisch interpretieren. Die drei Nebenbedingungen beschreiben Halbebenen, deren Grenzen jeweils durch die Geraden gegeben werden, die man erhält, wenn man statt der Ungleichungen Gleichheit fordert. In Figur 5.1 sind die Geraden durch die entsprechenden Nummern gekennzeichnet. Ein Lösungspunkt (x_1^*, x_2^*) muß dem umrandeten Gebiet angehören, insbesondere also im positiven Quadranten liegen. Die Niveaulinien der Zielfunktion, Linien auf denen $Q(x)$ konstant ist, bilden eine Schar paralleler Geraden. Wenn man in ihr in Richtung des Vektors $-\tilde{p}$, der ja zu diesen Geraden senkrecht steht, von einer Geraden zu einer anderen übergeht, die angedeutete Gerade $Q(x) = 0$ sozusagen nach rechts parallel verschiebt, nimmt der Wert der Zielfunktion ab. Zur Lösung der Optimierungsaufgabe wird man deshalb diese Parallelverschiebung soweit fortsetzen, bis man eine Gerade erreicht, die den umrandeten Bereich nur noch tangiert. Jeder Berührungspunkt ist eine Lösung der Aufgabe, in unserem Beispiel der Punkt $(x_1^*, x_2^*) = (2.25, 0.5)$. Durch ihn läuft die Gerade $Q(x) = -11.5$, und alle übrigen Punkte des zulässigen Bereiches liegen links von dieser Geraden.

Im allgemeinen Fall (2) lassen sich die Nebenbedingungen analog interpretieren. Jede Zeile der Nebenbedingungen legt einen Halbraum im $\mathbb{R}^n$ fest. Für die Bedingungen $x_i \geq 0$ ist das selbstverständlich. Durch die Koeffizienten der i-ten Ungleichung von $\tilde{A}x \leq b$ wird ein Vektor $\tilde{a}_i' = (a_{i1}, \ldots, a_{in})$ festgelegt, und die Nebenbedingung besagt gerade, daß das innere Produkt $\tilde{a}_i' \cdot x$ des Vektors x mit diesem Vektor $\tilde{a}_i$ einen gewissen Wert b_i nicht überschreiten darf. Dadurch beschränkt man die Punkte x auf einen Halbraum, dessen Rand durch eine Hyperebene, nämlich $\tilde{a}_i'x = b_i$ gegeben wird; sie ist zu dem betrachteten Vektor $\tilde{a}_i$ orthogonal, da für den Verbindungsvektor $z = x - y$ zweier Punkte x, y der Hyperebene $\tilde{a}_i' \cdot z = \tilde{a}_i' \cdot x - \tilde{a}_i' \cdot y = b_i - b_i = 0$ gilt. Die Menge aller zulässigen Punkte bildet dann den Durchschnitt $\tilde{K}$ dieser endlich vielen Halbräume. Die endlich vielen Hyperebenen können sich in endlich vielen niedrigerdimensionalen linearen Räumen (Punkten, Kanten, Flächen usw.) schneiden.

Der Durchschnitt $\tilde{K}$ ist also eine Punktmenge, die stückweise von solchen ebenen Gebilden begrenzt wird. Man nennt ihn ein Polyeder.
Eine Punktmenge K heißt **konvex** wenn mit zwei Punkten x, y aus K auch die Verbindungsstrecke $\{z; z = \alpha \cdot x + (1-\alpha) \cdot y,\ \alpha \in (0,1)\}$ in K enthalten ist.

Satz 1: *Der Durchschnitt* $\tilde{K}$ *der* $m+n$ *durch die Nebenbedingungen* (2) *einer linearen Optimierungsaufgabe festgelegten Halbräume ist konvex.*

Beweis: Man braucht dies nur für eine der Ungleichungen zu verifizieren, sie sei durch den Zeilenvektor $\tilde{a}_i'$ von A bestimmt. Sind x und y zwei Punkte aus $\tilde{K}$, dann gilt

$$\begin{array}{l|ll} \tilde{a}_i'x \leq b_i & \alpha & \quad \text{mit } \alpha \in (0,1), \\ \tilde{a}_i'y \leq b_i & (1-\alpha) & \end{array}$$

Man erhält durch Multiplikation mit den angegebenen Faktoren und Addition

$$\tilde{a}_i'z = \tilde{a}_i' (\alpha \cdot x + (1-\alpha) \cdot y) \leq \alpha \cdot b_i + (1-\alpha)\, b_i = b_i,$$

also erfüllt auch jeder Punkt z der Verbindungsstrecke von x und y die Ungleichung $\tilde{a}_i'z \leq b_i$. Da dies für jede der Ungleichungen gilt, liegt die Verbindungsstrecke von x und y in $\tilde{K}$. ■
Zusammenfassend kann man sagen, daß die Nebenbedingungen (2) ein konvexes Polyeder festlegen.
Man nennt einen Punkt eines Polyeders eine **Ecke,** wenn er nicht Mittelpunkt der Verbindungsstrecke zweier anderer Punkte des Polyeders ist.
Diese Charakterisierung kann man intuitiv verstehen. Sie wird uns im folgenden algebraisch sehr helfen. Anschaulich ist bereits eines deutlich: die Nebenbedingungen (2) beschreiben ein konvexes Polyeder im Raum $\mathbb{R}^n$, die Äquipotentialebenen der Zielfunktion, d.h. die Hyperebenen, auf denen die Zielfunktion konstant ist, bilden eine Schar paralleler Ebenen, und man wird jetzt die Ebene suchen, die das Polyeder nur berührt und auf der, je nachdem ob Maximum oder Minimum gesucht sind, die Zielfunktion einen möglichst großen oder kleinen Wert besitzt. Sie wird entweder in einer Ecke, einer Kante oder auf einer Fläche usw. das Polyeder berühren. In jedem Fall aber ist zumindest auch ein Eckpunkt des Polyeders in dieser Ebene enthalten.
Diese anschauliche Tatsache motiviert, daß man bei der Suche nach einer Lösung des Optimierungsproblems nur die Eckpunkte des Polyeders in Betracht zieht. Unsere Überlegungen werden zeigen, daß deren Betrachtung ausreicht, und damit gleichzeitig verifizieren, daß das Extremum der Zielfunktion (auch) in einer Ecke angenommen wird.

2. Die Simplexmethode

Zur Lösung eines linearen Optimierungsproblems wird die sogenannte Simplexmethode verwendet, die im folgenden beschrieben wird. Das Verfahren besteht im wesentlichen aus drei Teilen

a) Bestimmung einer Ecke des durch die Nebenbedingungen bestimmten Polyeders
b) Eckenaustausch, d. h. Übergang von einer Ecke zu einer benachbarten Ecke, in der die Zielfunktion einen kleineren Wert hat
c) Entscheidung, ob durch weiteren Eckenaustausch der Wert der Zielfunktion verkleinert werden kann oder die Aufgabenlösung erreicht ist (Abbruchkriterium).

Zunächst wird durch Einführung von Schlupfvariablen $y_1, \ldots, y_m$ aus den Ungleichungen der Nebenbedingungen ein System von Gleichungen gemacht, indem definiert wird

(4) $\tilde{A}x + y = b, \qquad y \geq 0.$

Wird $z = \begin{pmatrix} x \\ y \end{pmatrix}$ und $A = (\tilde{A}, E)$ gesetzt, wobei E die $m \times m$ Einheitsmatrix ist, so ist die ursprüngliche durch (1) und (2) definierte Aufgabe äquivalent zu

(5) $A \cdot z = b, \qquad z \geq 0$ und

(6) $Q(z) = p' \cdot z = \tilde{p}' \cdot x + 0 \cdot y = \min!$

Hierbei ist $z \in \mathbb{R}^{n+m}$. Man hat die Nebenbedingungen (2) durch Einbetten in einen höher-dimensionalen Raum in Gleichungen umgewandelt.

Das durch (2) festgelegte Polyeder $\tilde{K}$ im $\mathbb{R}^n$ ist eine Projektion des durch (4) definierten Polyeders K im $\mathbb{R}^{n+m}$. Ist nämlich $z = (z_1, \ldots, z_{n+m})'$ aus K, so ist $x = (z_1, \ldots, z_n)'$ aus $\tilde{K}$, und ist umgekehrt $x \in \tilde{K}$, so ist $z = \begin{pmatrix} x \\ y \end{pmatrix}$ mit $y = b - \tilde{A}x$ das Urbild in K. Daß auf diese Weise auch die Ecken einander zugeordnet sind, besagt

Satz 2: *Ist* $z = (z_1, \ldots, z_{n+m})'$ *eine Ecke von K, so ist* $x = (z_1, \ldots, z_n)'$ *eine Ecke von* $\tilde{K}$*, und ist umgekehrt x eine Ecke von* $\tilde{K}$*, so ist* $z = \begin{pmatrix} x \\ y \end{pmatrix}$ *mit* $y = b - \tilde{A}x$ *eine Ecke von K.*

Beweis: Es sei z ein Eckpunkt von K. Nehmen wir an, daß $x = (z_1, \ldots, z_n)'$ kein Eckpunkt, also ein Mittelpunkt der Verbindungsstrecke zweier verschiedener Punkte aus $\tilde{K}$ sei. Diese Punkte können beschrieben werden als

$$x \pm \delta x \in \tilde{K}, \qquad \delta x \neq 0.$$

Wir setzen $y = (z_{n+1}, \ldots, z_{n+m})'$ und definieren $\delta y := -\tilde{A}\delta x$ sowie $\delta z := \begin{pmatrix} \delta x \\ \delta y \end{pmatrix}$. Weil die beiden Punkte $x \pm \delta x$ in $\tilde{K}$ liegen, gilt $x \pm \delta x \geq 0$ und $\tilde{A}(x \pm \delta x) \leq b$ oder $b - \tilde{A}x \pm \tilde{A}\delta x = y \pm \delta y \geq 0$, d. h.

$$z \pm \delta z \geq 0.$$

Sie erfüllen ferner die Gleichung

$$A(z \pm \delta z) = Az \pm A\delta z = Az \pm (\tilde{A}\delta x + E\delta y) = b.$$

Die Punkte $z \pm \delta z$ mit dem Mittelpunkt z liegen folglich in K entgegen der Voraussetzung, daß z ein Eckpunkt ist. Also muß x ein Eckpunkt von $\tilde{K}$ sein.

Nun sei umgekehrt x ein Eckpunkt von $\tilde{K}$. Nehmen wir an, daß $z = \binom{x}{y}$ mit $y = b - \tilde{A}x$ kein Eckpunkt von K sei, dann ist z Mittelpunkt zweier verschiedener Punkte $z \pm \delta z$ aus K. Es bezeichne δx den Vektor der ersten n und δy den der letzten m Komponenten von δz. Daß $z \pm \delta z$ zu K gehören, bedeutet $z \pm \delta z \geq 0$ und $b = A(z \pm \delta z) = \tilde{A}(x \pm \delta x) + E(y \pm \delta y)$. Diese Bedingungen implizieren

$$x \pm \delta x \geq 0$$

und wegen $y \pm \delta y \geq 0$ die Ungleichung

$$\tilde{A}(x \pm \delta x) \leq b,$$

d. h., x ist der Mittelpunkt der beiden Punkte $x \pm \delta x$ aus $\tilde{K}$, im Widerspruch zur Voraussetzung, also muß z ein Eckpunkt sein. ■

Nach (4) ist eine Gleichung $\tilde{a}_i' \cdot x = b_i$ gleichbedeutend mit $y_i = 0$. Deshalb ist jede der n+m Hyperebenen, welche die durch die Nebenbedingungen (2) definierten Halbräume begrenzen, beschrieben durch eine der Gleichungen $x_1 = 0, \ldots, x_n = 0, y_1 = 0, \ldots, y_m = 0$, oder in der neuen Formulierung, durch $z_1 = 0, \ldots, z_{n+m} = 0$. Da ein Eckpunkt des Polyeders $\tilde{K}$ Schnittpunkt mehrerer dieser Hyperebenen ist, hat der zugeordnete Eckpunkt z in K folglich die charakteristische Eigenschaft, daß mehrere seiner Komponenten Null sind.

Zur näheren Bestimmung von Eckpunkten wollen wir zunächst eine Konvention einführen. Betrachten wir die Matrix $A = (\tilde{A}, E)$, so wollen wir als eine **Basis** eine Menge von m linear unabhängigen Spaltenvektoren von A bezeichnen. Es gibt im allgemeinen verschiedene Basen. Die Menge der zu einer Basis gehörenden Spaltenindizes wollen wir N nennen, N^* sei dann die Menge jener ganzen Zahlen von $\{1, \ldots, n+m\}$, die nicht in N enthalten sind. Bei gegebenen N und N^* bezeichnen wir die Komponenten z_j mit $j \in N$ als **Basisvariable** und z_j mit $j \in N^*$ als **Parametervariable.**

Zur **Bestimmung einer Ecke** des durch (5) definierten Polyeders K kann folgender Satz herangezogen werden.

Satz 3: *Durch N seien die Indizes einer Basis festgelegt. Setzt man* $z_j^0 = 0$ *für alle* $j \in N^*$ *und berechnet die Komponenten* z_j^0 mit $j \in N$ *aus*

$$Az^0 = b,$$

so hat man eine Ecke des durch (5) *definierten Polyeders K gefunden, falls der auftretende Lösungsvektor* z^0 *keine negativen Komponenten hat.*
(Wäre auch nur eine Komponente negativ, so wäre die Nebenbedingung $z \geq 0$ *verletzt und* z^0 *wäre kein zulässiger Punkt.)*

Beweis: Soll z^0 Mittelpunkt der Verbindungslinie zweier Punkte aus K sein, so kann man diese Punkte schreiben als $z^0 \pm \delta z$ mit nicht identisch verschwindendem δz. Da sie in K liegen, müssen alle Komponenten $z_j^0 \pm \delta z_j \geq 0$ sein. Für einen Index $j \in N^*$ folgt daraus wegen $z_j^0 = 0$, daß δz_j verschwinden muß. Es genügt also, die Basisvariablen zu betrachten. Wenn wir die Matrix A aufspalten in die Teilmatrizen A_N und A_{N^*} der Spalten mit den Indizes aus N bzw. N^* und entsprechend die Vektoren z^0 und δz zerlegen in z^0_N und $z^0_{N^*}$ sowie δz_N und δz_{N^*}, so gelten nun wegen $z^0_j = 0$ und $\delta z_j = 0$ für $j \in N^*$ die Gleichungen

$$b = A(z^0 + \delta z) = A_N(z^0_N + \delta z_N),$$
$$b = A(z^0 - \delta z) = A_N(z^0_N - \delta z_N);$$

mithin ist $2 \cdot A_N \cdot \delta z_N = 0$. Aufgrund der linearen Unabhängigkeit der Basisvektoren, das sind die Spaltenvektoren von A_N, folgt daraus die Gleichung

$$\delta z_N = 0.$$

Es ist also nachgewiesen worden, daß die sämtlichen Komponenten δz_j, $j = 1, \ldots, n+m$, verschwinden müssen; z ist Eckpunkt. ■

Hat man Indexmengen N und N* der im Satz 3 genannten Art gefunden, so bedeutet das Nullsetzen der n Parametervariablen z_j, daß z Schnittpunkt jener n Hyperebenen ist, die, wie oben erläutert, durch die Gleichungen $z_j = 0$ mit $j \in N^*$ beschrieben werden.

Da die Matrix $A = (\tilde{A}, E)$ in den m Einheitsvektoren von E eine Basis enthält, kann z. B. $N = \{n+1, \ldots, n+m\}$ und $N^* = \{1, \ldots, n\}$ gewählt werden. Der Satz 3 besagt dann, daß man durch Nullsetzen der Variablen $z_1, \ldots, z_n$ zu einer Ecke von K kommt, nämlich $z = \begin{pmatrix} 0 \\ b \end{pmatrix}$, $0 \in \mathbb{R}^n$, falls alle Komponenten von b positiv sind. Damit ist in diesem Falle eine Ausgangsecke für den iterativen Tausch der Ecken gefunden. Sonst kann man prinzipiell durch wiederholte Anwendung von Satz 3 versuchen, zu einer Ecke zu gelangen, zielstrebiger ist aber ein Vorgehen, das in Bemerkung 1 am Ende dieses Abschnitts beschrieben wird.

Eckenaustausch

Es soll nun ein Algorithmus entwickelt werden, der es gestattet, von einer gegebenen zu einer anderen Ecke des Polyeders K überzugehen und dabei den Wert der Zielfunktion zu verkleinern. Im Satz 3 wurden zur Bestimmung einer Ecke die n Komponenten z_j mit $j \in N^*$ als Parametervariablen betrachtet, gleich Null gesetzt und danach die davon abhängigen m Basisvariablen berechnet. Der angestrebte Übergang zu einer neuen Ecke erfolgt durch Austausch einer der Parametervariablen gegen eine der Basisvariablen.

Wir gehen zunächst davon aus, daß der vorgenannte Punkt $z = \begin{pmatrix} 0 \\ b \end{pmatrix}$ eine Ecke ist – in ihr hat die Zielfunktion den Wert Null – und erläutern den Eckenaustausch am Übergang von dieser zu einer anderen Ecke. Durch die dabei vorgenommene Umformung des Gleichungssystems wird erreicht, daß die den neuen Basisvariablen zugeordnete Basis erneut aus den m Einheitsvektoren besteht.

Das Gleichungssystem (5) werde zur Verdeutlichung noch einmal komponentenweise ausgeschrieben

$$(7)\quad \begin{pmatrix} a_{11} \\ \vdots \\ a_{j1} \\ \vdots \\ a_{m1} \end{pmatrix} z_1 + \ldots + \begin{pmatrix} a_{1i} \\ \vdots \\ a_{ji} \\ \vdots \\ a_{mi} \end{pmatrix} z_i + \ldots + \begin{pmatrix} a_{1n} \\ \vdots \\ a_{jn} \\ \vdots \\ a_{mn} \end{pmatrix} z_n +$$

$$+ \begin{pmatrix} 1 \\ 0 \\ \vdots \\ \\ 0 \end{pmatrix} z_{n+1} + \ldots + \begin{pmatrix} 0 \\ \vdots \\ 0 \\ 1 \\ 0 \\ \vdots \\ 0 \end{pmatrix} z_{n+j} + \ldots + \begin{pmatrix} 0 \\ \\ \vdots \\ \\ 1 \end{pmatrix} z_{n+m} = \begin{pmatrix} b_1 \\ \\ \vdots \\ \\ b_m \end{pmatrix}$$

Man kann hier z_1 bis z_n als Parametervariable und z_{n+1} bis z_{n+m} als davon abhängige Variable auffassen. Wenn man eine andere Variable, etwa z_i mit $1 \leq i \leq n$ als abhängige Variable einführen und dafür z_{n+j} mit $1 \leq j \leq m$ als Parametervariable interpretieren will, so wird man die j-te Zeile, die einzige, in der z_{n+j} auftritt, nach z_i auflösen und aus den übrigen Zeilen die Größe z_i eliminieren. Dies führt zu folgenden Rechenregeln für die Bestimmung der Koeffizienten der neuen Gleichungen.

1. Man dividiert die j-te Zeile mit a_{ji}. Daraus folgt, daß man zwei Variable z_i und z_{n+j} nur dann austauschen kann, wenn $a_{ji} \neq 0$ ist; diese Bedingung wird aber durch das weiter unten hergeleitete Kriterium für die Auswahl der Basisvariablen z_{n+j} sichergestellt. Man erhält für die Elemente der j-ten Zeile

$$b_j^* = \frac{b_j}{a_{ji}} \quad \text{und}$$

$$(8)\quad a_{jk}^* = \frac{a_{jk}}{a_{ji}}, \quad k = 1, \ldots, n+m,$$

$$\text{also} \quad a_{ji}^* = 1$$

und für das Element der $(n+j)$-ten Spalte insbesondere

$$(9)\quad a_{j\,n+j}^* = \frac{1}{a_{ji}}.$$

2. Danach ist z_i aus den übrigen Zeilen zu eliminieren. Zu diesem Zweck subtrahiert man von der k-ten Zeile das a_{ki}-fache der neuen j-ten Zeile, dies für alle $k \neq j$. Trivialerweise erhält man dann in der i-ten Spalte als Koeffizienten stets Null, sonst gilt

$$(10)\quad a_{kl}^* = a_{kl} - \frac{a_{ki} \cdot a_{jl}}{a_{ji}} \quad \text{für } l \neq i$$

und insbesondere für $l = n + j$ die einfachere Form

$$(11)\quad a_{k\,n+j}^* = -\frac{a_{ki}}{a_{ji}}.$$

Für den inhomogenen Term erhält man analog

$$(12) \quad b_k^* = b_k - \frac{a_{ki} \cdot b_j}{a_{ji}}.$$

Diese Umformungen entsprechen denen des Jordan-Algorithmus in Kapitel IV zur Lösung linearer Gleichungssysteme.

Um die Änderung der Zielfunktion bei diesem Übergang zu ermitteln, sie wieder allein als Funktion der Parametervariablen zu schreiben, wird man außerdem in der Zielfunktion die nun abhängige Variable z_i ersetzen mit Hilfe von z_{n+j} und den übrigen, verbliebenen Parametervariablen. Schreibt man die Zielfunktion in der Form

$$p_1 z_1 + \ldots + p_i z_i + \ldots p_n z_n + 0 \cdot z_{n+1} + \ldots + 0 \cdot z_{n+j} + \ldots + 0 \cdot z_{n+m} = Q,$$

so geschieht dies dadurch, daß man die j-te Zeile des neuen Gleichungssystems mit p_i multipliziert und von der Zielfunktion abzieht:

$$(13) \quad (p_1 - p_i \frac{a_{j1}}{a_{ji}})\, z_1 + \ldots + 0 \cdot z_i + \ldots + (p_n - p_i \frac{a_{jn}}{a_{ji}})\, z_n + \ldots +$$

$$(-\frac{p_i}{a_{ji}})\, z_{n+j} + \ldots + 0 \cdot z_{n+m} = Q - \frac{b_j\, p_i}{a_{ji}}.$$

Falls man nun entsprechend Satz 3 durch Nullsetzen der Parametervariablen zu einer neuen Ecke gekommen ist, d. h., daß die Basisvariablen dabei nicht negativ ausfallen, kann man den Wert der Zielfunktion in dieser Ecke sofort ablesen, er ist $\frac{b_j\, p_i}{a_{ji}}$. Noch steht nicht fest, daß dieser Austausch der Variablen tatsächlich zu einer Ecke geführt hat und die Zielfunktion dort einen kleineren Wert besitzt als zuvor. Welche Variablen zum Austausch zu wählen sind, um dies sicherzustellen, wird erkennbar, wenn wir diese Umformungen zunächst an dem schon oben angegebenen Beispiel durchführen. Die Einführung von Schlupfvariablen in (3) gemäß (5) und (6) ergibt

$$\begin{aligned} x_1 + 5x_2 + y_1 \qquad\quad &= 7 \\ (14) \quad 2x_1 + x_2 + \quad y_2 \qquad &= 5 \\ 2x_1 + 3x_2 + \qquad\quad y_3 &= 6 \end{aligned}$$

und für die Zielfunktion

$$4x_1 + 5x_2 + \qquad Q = 0.$$

Wir verzichten bei diesem Beispiel auf die Umbenennung der Variablen in $z_1, \ldots, z_5$ und behalten statt dessen die Bezeichnungen $x_1, \ldots, y_3$ bei.

Zur Durchführung des Austausches bildet man ein Schema, in das man nur die Koeffizienten von (5) und (6) einträgt. Es kann in folgender Form angelegt werden:

		x_1	x_2	y_1	y_2	y_3	b
Basis-variable	y_1	1	5	1	0	0	7
	y_2	2	1	0	1	0	5
	y_3	2	3	0	0	1	6
	Q	4	5	0	0	0	0

In (14) ist die Gleichung für die Zielfunktion in derselben Form geschrieben wie die Nebenbedingungen – deshalb treten als Koeffizienten die Komponenten von $-p$ auf –, damit später für alle Elemente dieses Schemas die gleichen Regeln gelten.

Zur Veranschaulichung sei noch einmal auf die graphische Darstellung und Lösung dieses Problems zu Anfang dieses Kapitels hingewiesen.

Offensichtlich hat man mit dem Punkt $x_1 = x_2 = 0$ und $y_1 = 7, y_2 = 5, y_3 = 6$ eine geeignete Startecke der obigen Art.

Einen Übergang von dieser Ecke zu einer zweiten kann man dadurch erreichen, daß man etwa x_1 von 0 an wachsen läßt und die Komponente $x_2 = 0$ beibehält. Das Wachsen von x_1 geht auf Kosten der Schlupfvariablen y_1, y_2 und y_3, und man sieht in der geometrischen Darstellung (Figur 5.1), daß für $x_1 = 2.5$ der Variablen y_2 der Wert Null zugewiesen wird, während y_1 und y_3 noch positiv bleiben, d.h., die Nebenbedingungen bleiben bis dahin weiterhin erfüllt. Wir treffen also zuerst auf die Gerade ② und wollen deshalb y_2 zur Parametervariablen und an dessen Stelle x_1 zur Basisvariablen machen. Die Basisvariablen für die neue Ecke sind also y_1, x_1, y_3. Zum Austausch der Variablen x_1 und y_2 und zur entsprechenden Umformung des Gleichungssystems sind jetzt die oben allgemein abgeleiteten Formeln anzuwenden. Man wird, da y_2 auszutauschen ist, zunächst die zweite Gleichung mit dem Koeffizienten von x_1 dividieren. Dies ergibt

$$x_1 + 0.5\,x_2 + 0.5\,y_2 = 2.5.$$

Diese Gleichung zieht man, mit dem Faktor $a_{11} = 1$ bzw. $a_{31} = 2$ versehen, von der ersten bzw. dritten Gleichung ab und erhält damit

$$4.5\,x_2 + y_1 - 0.5\,y_2 = 4.5$$

sowie

$$2\,x_2 - y_2 + y_3 = 1.$$

Die neue Ecke ist danach gegeben durch $x_2 = 0, y_2 = 0$ und $x_1 = 2.5, y_1 = 4.5, y_3 = 1$. Außerdem eliminiert man in der gleichen Weise x_1 aus der Zielfunktion:

$$+3\,x_2 - 2\,y_2 + Q = -10.$$

Um den Wert der Zielfunktion selbst in der neuen Ecke zu finden, setzt man $x_2 = 0$ und $y_2 = 0$ und erhält -10. In der neuen Ecke ist also der Wert von Q kleiner als in der vorhergehenden. Das hat seinen Grund in dem negativen Wert des Koeffizienten p_1 von x_1 in der ursprünglich gegebenen Form der Zielfunktion.

Dies führt uns zu folgender für den allgemeinen Fall geltenden Strategie beim Eckenaustausch. Man wähle zunächst unter den Parametervariablen ein z_i so, daß p_i negativ ist. Nun ist zu überlegen, wie weit man z_i vergrößern kann, ohne daß eine der (abhängigen) Basisvariablen negativ wird. Eine solche Vergrößerung ist offensichtlich möglich, bis eine erste Basisvariable z_{n+j} verschwindet, während alle übrigen noch positiv sind. Nach dem obigen Gleichungssystem (7) ist jene Basisvariable z_{n+j} dadurch bestimmt, daß

$$(15)\quad \frac{b_j}{a_{ji}} = \min_k \left\{ \frac{b_k}{a_{ki}} \; ; \; a_{ki} > 0 \right\}$$

gelten muß; die Elemente $a_{ki} < 0$ kann man hierbei außer Betracht lassen, da $z_{n+k} = b_k - a_{ki} \cdot z_i$ mit z_i nur wachsen, also sicherlich nicht verschwinden kann. Diese Variable z_{n+j} wählt man nun für den Austausch mit z_i. Wegen (15) ist sichergestellt, daß die Nebenbedingungen bei dem Austausch erfüllt bleiben, dieser also zu einer Ecke führt. Mit dieser Auswahlstrategie ist die oben noch offen gebliebene Verfahrensfrage beantwortet.

Fassen wir zusammen: Die mit einem Eckenaustausch verbundene Umformung des Gleichungssystems ist so angelegt, daß die den Basisvariablen zugeordneten Spaltenvektoren der Koeffizientenmatrix, also die Basis, aus den m Einheitsvektoren bestehen. In der praktischen Ausführung des Simplexverfahrens werden diese Einheitsvektoren nicht in dem Tabellenschema aufgeführt (s. unten). Bei der Übernahme einer Parametervariablen z_i in die Basis und Entfernen einer Variablen z_k aus der Basis geht der zu z_i gehörige Spaltenvektor a_i in den Einheitsvektor und der zu z_k gehörige Einheitsvektor in einen neuen Vektor a^* über. Praktisch setzt man in dem Schema, auch **Simplex-tableau** genannt, a^* an die Stelle von a_i.

Der Eckenaustausch erfolgt also nach folgendem Plan. Zunächst enthält das Tableau die Daten der Startecke

Parametervariablen:	$z_1 \; \dots \; z_n$	b	$\frac{b_k}{a_{ki}}$
Basisvariablen			
z_{n+1}	$a_{11} \; \dots \; a_{1n}$	b_1	
$\vdots$	$\vdots \quad \vdots$	$\vdots$	
z_{n+m}	$a_{m1} \; \dots \; a_{mn}$	b_m	
Q	$-p_1 \; \dots \; -p_n$	Q_0	

Zum Austausch wählt man nach der obigen Strategie

(16)

1. eine Parametervariable z_i mit $-p_i > 0$, trägt in die letzte Tableauspalte die Werte $\frac{b_k}{a_{ki}}$ mit $a_{ki} > 0$ ein und wählt danach
2. eine Basisvariable z_{n+j} so, daß $\frac{b_j}{a_{ji}} = \min_k \left\{ \frac{b_k}{a_{ki}} \; ; \; a_{ki} > 0 \right\}$ ist.

Die mit dem Austausch von z_i und z_{n+j} verbundenen Umformungen (8) bis (13) ergeben dann folgende Eintragungen

Parametervariablen:	$z_1 \dots z_{i-1}$		z_{n+j}		$z_{i+1} \dots z_n$	b^*
Basisvariablen z_{n+1}	$a_{11} - \frac{a_{1i} \cdot a_{j1}}{a_{ji}}$	$\dots$	$\frac{-a_{1i}}{a_{ji}}$	$\dots$	$a_{1n} - \frac{a_{1i} \cdot a_{jn}}{a_{ji}}$	$b_1 - \frac{b_j \cdot a_{1i}}{a_{ji}}$
$\vdots$						
z_{n+j-1}						
z_i	$\frac{a_{j1}}{a_{ji}}$	$\dots$	$\frac{1}{a_{ji}}$	$\dots$	$\frac{a_{jn}}{a_{ji}}$	$\frac{b_j}{a_{ji}}$
z_{n+j+1}						
$\vdots$						
z_{n+m}	$a_{m1} - \frac{a_{mi} \cdot a_{j1}}{a_{ji}}$	$\dots$	$\frac{-a_{mi}}{a_{ji}}$	$\dots$	$a_{mn} - \frac{a_{mi} \cdot a_{jn}}{a_{ji}}$	$b_m - \frac{a_{mi} \cdot b_j}{a_{ji}}$
Q	$-p_1 - \frac{a_{ji}(-p_1)}{a_{ji}}$	$\dots$	$\frac{-(-p_i)}{a_{ji}}$	$\dots$	$-p_n - \frac{a_{jn}(-p_n)}{a_{ji}}$	$Q_0 - \frac{b_j(-p_i)}{a_{ji}}$

Wir haben hier den Eckenaustausch am Übergang von der Startecke zur nächsten Ecke des Polyeders demonstriert. Durch die Anlage des Simplextableaus und die Auswahlregel (16) ist klar, wie der Eckenaustausch iteriert werden kann. Am Tableau sind darüber hinaus die Komponenten der Ecke sowie der dort angenommene Wert der Zielfunktion unmittelbar abzulesen, denn werden die Parametervariablen gemäß Satz 3 gleich Null gesetzt, nehmen die Basisvariablen und Q (z) die in der Spalte von b^* aufgeführten Werte an. Für die vorherige wie die neue Ecke gilt

$$z_1 = 0, \dots, z_{i-1} = 0, \quad z_{i+1} = 0, \dots, z_n = 0,$$

d. h., der Übergang erfolgte sozusagen längs der Kante, welche im Schnitt der durch diese Gleichungen beschriebenen $n-1$ Hyperebenen liegt. Daß erneut $b^* > 0$ gilt, ergibt sich aus der Auswahlregel (16). Das Schema zeigt ferner, daß die i-te Komponente des Vektors p bei dem Austausch das Vorzeichen wechselt. Das bedeutet, daß die neueingeführte Parametervariable beim nächsten Austauschschritt nicht wieder ausgewechselt wird. Es ist allerdings möglich, daß die i-te Komponente von $p^\cdot$ nach weiteren Schritten wieder negativ wird.

Offenbar kann in der Auswahlregel (16) eine Mehrdeutigkeit in der Wahl der neuen Parametervariablen auftreten, wenn nämlich bei Vergrößerung von z_i gleichzeitig zwei oder mehrere der Basisvariablen verschwinden, etwa z_{n+j} und z_{n+l}, d. h., wenn zwei Werte

$$\frac{b_j}{a_{ji}} = \frac{b_l}{a_{li}} = \min_k \left\{ \frac{b_k}{a_{ki}} \; ; \quad a_{ki} > 0 \right\} \text{ sind.}$$

Die neue Ecke ist dann, wie man sagt, entartet, denn das bedeutet, daß diese Ecke Schnittpunkt von mehr als n Hyperebenen ist. Unabhängig davon, für welche der beiden Variablen man sich für den Austausch entscheidet, wird bei der entsprechenden Umformung des Gleichungssystems für die neu berechneten Werte b_j^* und b_l^* der Wert 0 auftreten, was für einen nachfolgenden Austausch die Gefahr eines zyklischen Auswechselns der Variablen mit sich bringen kann. Trifft man beim Eckenaustausch auf eine entartete Ecke, so könnte man mit Hilfe von Satz 3 oder gemäß Bemerkung 1 am Ende dieses Abschnitts eine neue Startecke berechnen und, von ihr ausgehend, die ausgeartete Ecke zu umgehen versuchen. Wir wollen hier aber der Einfachheit halber voraussetzen, daß eine solche Entartung nicht eintritt.

Abbruch des Verfahrens

Beim Übergang zu einer neuen Ecke verändert sich der Wert der Zielfunktion gemäß (13) um $\frac{b_j p_i}{a_{ji}}$. Da $b_j > 0$ und nach Wahl der Austauschvariablen $p_i < 0$ und $a_{ji} > 0$ gilt, verringert er sich um einen von Null verschiedenen Betrag. Man wird deshalb bei iteriertem Eckenaustausch nie zu einer vorherigen Ecke zurückkehren.[1] Weil ferner nur endlich viele Ecken vorliegen, muß das Verfahren somit nach endlich vielen Schritten zum Ende kommen. Es sind nach den Verfahrensregeln (16) zwei Fälle als Abbruchkriterien möglich.

1. Alle Komponenten von p sind positiv oder Null. Ist z^* die letzte erreichte Ecke und N^* die Indexmenge der zugehörigen Parametervariablen, so hat die Zielfunktion die Darstellung

$$(17) \quad Q(z) = Q(z^*) + \sum_{j \in N^*} p_j \cdot z_j .$$

Daher kann durch Vergrößern der im Punkt z^* verschwindenden Parametervariablen z_j die Funktion Q nur vergrößert werden. Andererseits ist die Nebenbedingung $z \geq 0$ einzuhalten. Man ist also in dieser Ecke zu einem Punkt gelangt, in dem die Zielfunktion minimal ist. Nach (17) ist dieser Minimalpunkt z^* genau dann eindeutig bestimmt, wenn alle $p_j > 0$. . Ist ein $p_k = 0$ für $k \in N^*$, so kann z_k im Rahmen der Nebenbedingungen vergrößert werden, ohne daß sich der Wert der Zielfunktion ändert, d. h., das Minimum der Zielfunktion wird auf der ganzen durch $z_j = 0$ mit $j \in N^*$ und $j \neq k$ bestimmten Kante angenommen.

2. Es gibt wenigstens ein p_i, das zu einer Parametervariablen z_i gehört und negativ ist, und in der darüberstehenden Tableauspalte sind alle a_{ki} negativ oder Null. Dann kann man die Variable z_i nach $+\infty$ streben lassen, ohne die Nebenbedingungen zu verletzen, denn die Basisvariablen bleiben dabei konstant oder wachsen mit z_i, können also nie verschwinden. Die Zielfunktion selbst strebt mit wachsendem z_i gegen $-\infty$, d. h., sie besitzt auf dem in diesem Fall nicht beschränkten Polyeder K keine untere Grenze. Es handelt sich also um eine Optimierungsaufgabe, die keine endliche Lösung besitzt.

[1] Dieser Schluß versagt bei Auftreten entarteter Ecken ($b_j = 0$), hierfür lassen sich Beispiele konstruieren, bei denen das Simplexverfahren zyklisch verläuft und deshalb nicht abbricht.

Schließlich wollen wir den Simplex-Algorithmus noch kurz an dem hier mehrfach herangezogenen Zahlenbeispiel vorführen. Zu Beginn hat das Simplextableau die Gestalt

	x_1 ↓	x_2	b	b_k / a_{k1}
y_1	1	5	7	7
y_2	2	1	5	5/2 ←
y_3	2	3	6	3
Q	4	5	0	

1. Austausch $x_1 <\!\!\longrightarrow y_2$:

	y_2	x_2 ↓	b	b_k / a_{k2}
y_1	−1/2	9/2	9/2	1
x_1	1/2	1/2	5/2	5
y_3	−1	2	1	1/2 ←
Q	−2	3	−10	

2. Austausch $x_2 <\!\!\longrightarrow y_3$:

	y_2	y_3	b
y_1	7/4	−9/4	9/4
x_1	3/4	−1/4	9/4
x_2	−1/2	1/2	1/2
Q	−1/2	−3/2	−23/2

Hier erfolgt der Abbruch wegen $p > 0$. Wie bereits geometrisch festgestellt, ist $(x_1, x_2) = (2.25, 0.5)$ die Minimalecke, in ihr hat die Zielfunktion den Wert -11.5.

Bemerkungen:

1. Es kann sein, daß in der linearen Optimierungsaufgabe an Stelle von Ungleichungen auch Gleichungen als Nebenbedingung gegeben sind

$$\tilde{A}x = b, \quad x \geq 0\,.$$

Ohne Beschränkung der Allgemeinheit darf man dabei $b \geq 0$ annehmen, im anderen Falle könnte man einzelne Gleichungen mit -1 multiplizieren. Bei dieser Aufgabenstellung kann es zunächst schwierig sein, eine Ecke zum Start des Simplexverfahrens zu finden. Man löst deshalb zuvor eine lineare Optimierungsaufgabe der Form

$$\tilde{A}x + y = b$$

mit $y \geq 0$ und der Zielfunktion

$$\tilde{Q} = y_1 + \ldots + y_m = \min!$$

Gelingt es, eine Lösung zu finden, bei der $\tilde{Q} = 0$ ist, so ist das zugehörige x eine Startecke. Ist der minimale Wert der Zielfunktion positiv, so ist kein allen Nebenbedingungen genügender Punkt x vorhanden, es gibt keinen nichtnegativen Vektor x, der alle Nebenbedingungen erfüllt.

2. Sind in der ursprünglichen Aufgabenstellung (1) und (2) einige Komponenten von x keinen Vorzeichenrestriktionen unterworfen, so kann man jede gemäß

$$x_j = x_j^+ - x_j^-, \quad x_j^+ \geq 0, \quad x_j^- \geq 0$$

durch zwei neue Variablen ersetzen, die beide einer Vorzeichenrestriktion genügen müssen.

3. Die unter 1. beschriebene Methode liefert im wesentlichen auch ein Verfahren zur Lösung eines beliebigen linearen Ungleichungssystems, das unabhängig von einer Optimierungsaufgabe zu lösen sein kann,

$$\tilde{A}x \leq b, \quad b \in \mathbb{R}^m \text{ beliebig,}$$

mit Hilfe der Simplexmethode. Man schreibt dazu die Ungleichungen um in

$$\tilde{A}x - y \leq b, \quad y \geq 0$$

und kann wie vorher die Zielfunktion

$$\tilde{Q} = y_1 + \ldots + y_m = \min!$$

verwenden.

3. Dualität bei linearer Optimierung

Die im Abschnitt 1 durch die Formeln (1) und (2) dargestellte allgemeine lineare Optimierungsaufgabe haben wir im vorhergehenden Abschnitt, um zu ihrer Lösung das Simplexverfahren anwenden zu können, durch Einfügung von Schlupfvariablen in eine spezielle, ihr äquivalente Aufgabe übergeführt, deren Form hier noch einmal wiedergegeben werde:

(18) $Az = b, \quad z \geq 0$ und

(19) $Q(z) = p'z = \min!$

dabei ist A eine $m \times (m+n)$-Matrix, $z \in \mathbb{R}^{m+n}$, $p \in \mathbb{R}^{m+n}$ und $b \in \mathbb{R}^m$. Als das hierzu **duale** lineare Optimierungsproblem bezeichnet man nun die Aufgabe

(20) $A'w \leq p$ und

(21) $\bar{Q}(w) = b'w = \max!$

d. h. es ist ein Vektor $w \in \mathbb{R}^m$ zu finden, für den die Zielfunktion $\bar{Q}$ unter der Nebenbedingung (20) maximal ist. Die vorhergehende Aufgabe nennt man im Gegensatz dazu auch **primale** Optimierungsaufgabe. Ist die Zielfunktion der primalen Aufgabe zu maximieren, so ist die der dualen Aufgabe entsprechend zu minimieren. Man beachte, daß die Variablen der dualen Aufgabe hier keiner Vorzeichenbeschränkung unterliegen.

Es wird sich zeigen, daß es gleichgültig ist, ob man die primale oder duale Optimierungsaufgabe löst, in beiden Fällen kommt man zu demselben Wert für die Zielfunktion und der Lösungsvektor der einen läßt sich aus dem der anderen herleiten. Man kann es dementsprechend von der Aufwendigkeit des Rechenvorgangs abhängig machen, welche der beiden Aufgaben man löst. Es kann beispielsweise bei der einen Aufgabe leichter fallen, eine Startecke für das Simplexverfahren zu finden, als bei der anderen. Hierin liegt die numerische Bedeutung der Dualisierung einer linearen Optimierungsaufgabe.
Auf einen ersten Zusammenhang zwischen der primalen und dualen Optimierungsaufgabe weist der

Satz 4: *Erfüllt z die Nebenbedingungen* (18) *des primalen und w die Nebenbedingungen* (21) *des dualen Problems, so gilt*

$$Q(z) \geq \bar{Q}(w)$$

Beweis: Nach den Voraussetzungen des Satzes ist

$$Q(z) = p'z \geq w'Az = w'b = \bar{Q}(w). \quad \blacksquare$$

Dieser Satz ist sehr nützlich, weil er untere und obere Schranken für das Minimum bzw. Maximum von primalen bzw. dualen linearen Optimierungsaufgaben liefert.
Eine unmittelbare Konsequenz ist, daß entweder das primale und das duale Problem eine endliche Lösung haben oder keines von beiden. Darüber hinaus folgt unmittelbar

Satz 5: *Gelten die Voraussetzungen von Satz 4 und ist* $Q(z) = \bar{Q}(w)$, so sind *z und w Lösungen der primalen bzw. dualen Aufgabe.*
Die Aussage läßt sich sogar noch weiter verschärfen, es gilt nämlich der

Satz 6: *Besitzt das primale Problem eine Lösung* z^* *mit dem Wert* $Q(z^*)$, *so besitzt das duale Problem ebenfalls eine Lösung* w^* *und es gilt* $\bar{Q}(w^*) = Q(z^*)$.

Beweis: Es sei z^* ein optimaler Eckpunkt der primalen Aufgabe, N bezeichne wie bisher die Indexmenge der zugehörigen Basisvariablen und N^* die der Parametervariablen. Wir spalten die Matrix A wieder auf in die Teilmatrizen A_N und A_{N^*} der Spalten mit den Indizes aus N bzw. N^* und zerlegen die Vektoren z und p' entsprechend in z_N, z_{N^*} und p'_N, p'_{N^*}. Die Nebenbedingung (18) kann dann geschrieben werden in der Form

(22) $A_N z_N + A_{N^*} z_{N^*} = b$.

Da $z_j^* = 0$ gilt für alle $j \in N^*$ und A_N als Basis eine nichtsinguläre $m \times m$-Matrix bildet, erhält man

(23) $z_N^* = A_N^{-1} b$

und folglich

$$z_N = z_N^* - A_N^{-1} A_{N^*} z_{N^*}.$$

Das Einsetzen dieser Größe in die Zielfunktion ergibt

$$
\begin{aligned}
Q(z) = p'z &= p'_N z_N + p'_{N*} z_{N*} \\
(24) \qquad &= p'_N z^*_N - p'_N A_N^{-1} A_{N*} z_{N*} + p'_{N*} z_{N*} \\
&= p'_N z^*_N + (p'_{N*} - p'_N A_N^{-1} A_{N*})\, z_{N*}.
\end{aligned}
$$

Diese Gleichung ist identisch mit (17). Im Falle eines endlichen Minimalwertes der Zielfunktion wird der Abbruch des Simplexalgorithmus, d. h. die Optimalität der Ecke z^*, dadurch angezeigt, daß die Koeffizienten der Parametervariablen nicht negativ sind, also die Beziehung

(25) $p'_{N*} - p'_N A_N^{-1} A_{N*} \geq 0$

erfüllt ist. Mit der Identität

$$p'_N - p'_N A_N^{-1} A_N = 0$$

kann man diese Ungleichungen zusammenfassen zu

(26) $p' - p'_N A_N^{-1} \cdot A \geq 0$

Setzt man

(27) $w^{*\prime} = p'_N A_N^{-1}$ oder $w^* = (A_N^{-1})' p_N$,

so besagt (26), daß w^* die Nebenbedingung (20) der dualen Optimierungsaufgabe erfüllt. Wegen $z^*_{N*} = 0$ folgt ferner mit (23), daß w^* der Gleichung

$$p' z^* = p'_N z^*_N = p'_N A_N^{-1} b = w^{*\prime} \cdot b$$

genügt, d. h. $Q(z^*) = \bar{Q}(w^*)$ gilt. Schließlich beweist Satz 5, daß w^* eine Lösung der dualen Aufgabe ist. ■

Die optimalen Werte der Zielfunktion beider Aufgaben sind also gleich, wie eingangs gesagt wurde.

Aus dem Beweis des Satzes geht hervor, wie man zu gegebenem Lösungspunkt z^* den dualen Lösungspunkt w^* berechnen kann. Man bestimme die Indexmenge N der zur Ecke z^* gehörigen Basisvariablen und wende Formel (27) an. Umgekehrt läßt sich aus w^* auch z^* berechnen, die Ableitung der Umrechnungsformel ist aufwendig und wird deshalb hier nicht ausgeführt.

Der Beweis gibt ferner noch folgenden Hinweis für eine geometrische Interpretation der primalen wie dualen Aufgabenstellung. Nach (27) ist

(28) $p_N = A'_N w^*$,

d. h., w^* gibt die Koeffizienten an, mit deren Hilfe man p_N als Linearkombination der Basisvektoren in dem optimalen Eckpunkt z^* darstellen kann. Wir wollen an Hand des in Abschnitt 1 behandelten und graphisch dargestellten Beispiels (3) eine Deutung dieses Sachverhaltes geben. Man kann die Optimierungsaufgabe nämlich auch folgendermaßen auslegen: Der durch die partiellen Ableitungen der Zielfunktion $Q(x_1, x_2) = p_1 x_1 + p_2 x_2$ bestimmte Vektor $-p' = (-p_1, -p_2)$ definiert in jedem Punkte eine Kraft, in der Ebene also ein Kraftfeld. Man denke sich im Innern des durch die Nebenbedingungen festgelegten Polyeders (Figur 5.1) eine Kugel, die diesem Kraftfeld ausgesetzt ist und deren Bewegungsfreiheit durch den Rand des Polyeders begrenzt ist. Die Kugel wird in diesem Feld einen Punkt niedrigsten Potentials anstreben, sie wird sich von einer Ausgangslage in Richtung des Vektors $-p$ bewegen, an den Rand des Polyeders stoßen und längs des Randes in eine Ecke rollen, in der die Kanten die Feldkraft kompensieren können. Durch den Koeffizientenvektor $\tilde{a}'_i = (a_{i1}, a_{i2})$ der i-ten Nebenbedingung ist ein Vektor definiert, der zu der Kante ⓘ orthogonal ist, wie bereits in Abschnitt 1 dargelegt. Die von einer Kante aufzubringende Kompensationskraft ist ebenfalls orthogonal zu ihr, wenngleich ins Innere des Polyeders gerichtet, eine innere Orthogonale, also ein Vielfaches von $\tilde{a}'_i$. Man sieht z. B. in Figur 5.2, daß die Kugel von der Ecke (2.5, 0) entlang der Geraden ② zur Ecke (2.25, 0.5) gezogen wird, weil $-p$ nicht orthogonal zu dieser Kante ist, also nicht von ihr allein kompensiert werden kann, sondern eine von Null verschiedene Kraftkomponente in Richtung zur Ecke (2.25, 0.5)

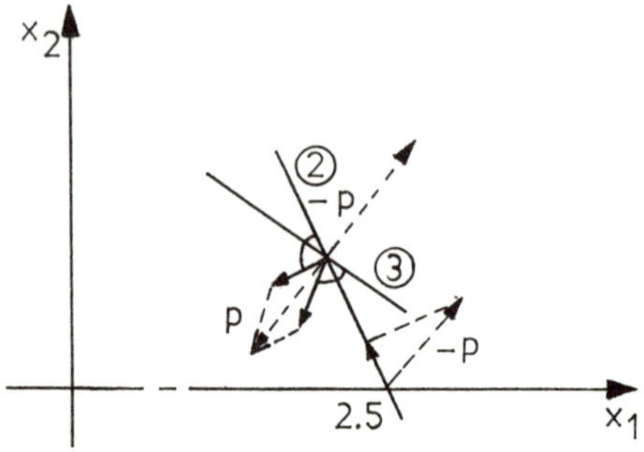

Figur 5.2

besitzt. In dieser Ecke hingegen sind durch $\tilde{a}_2 = \binom{2}{1}$ und $\tilde{a}_3 = \binom{2}{3}$ Orthogonale zu den beiden angrenzenden Kanten gegeben, die mit negativen Faktoren w_2^* und w_3^* als innere Orthogonale so linear kombiniert werden können, daß die Resultierende gleich p ist, also als Gegenkraft der beiden Kanten die Feldkraft $-p$ aufzuheben vermag

$$p = \binom{-4}{-5} = -0.5\binom{2}{1} - 1.5\binom{2}{3}$$

Setzt man noch $w_1^* = 0$ neben $w_2^* = -0.5$ und $w_3^* = 1.5$, so ergibt sich hieraus die der Formel (28) entsprechende Gleichung

$$p = (\tilde{a}_1, \tilde{a}_2, \tilde{a}_3) \cdot w^* = \tilde{A}' w^*.$$

Im allgemeinen Fall ist die optimale Ecke des Polyeders dadurch charakterisiert, daß der Vektor p lineare Kombination mit positiven Koeffizienten aller inneren Orthogonalen der n Hyperebenen ist, die sich in dem optimalen Eckpunkt schneiden. In der Ecke (2.5, 0) sind durch $\binom{0}{1}$ und $-\tilde{a}_2 = \binom{-2}{-1}$ innere Orthogonale der angrenzenden Kanten gegeben. Es ist hier

$$p = \binom{-4}{-5} = 2\binom{-2}{-1} + (-3)\binom{0}{1},$$

also wegen des negativen Koeffizienten Summe einer inneren und äußeren Orthogonalen. Da an den Kanten als Gegenkräfte nur innere Orthogonale entstehen können, ist $-p$ in dieser Ecke nicht zu kompensieren.
Verifizieren wir noch kurz Satz 6 an diesem Beispiel: Es ist

$$\bar{Q}(w^*) = (w^*)'b = w_1^* \cdot 7 + w_2^* \cdot 5 + w_3^* \cdot 6$$
$$= 0 + (-0.5) \cdot 5 + (-1.5) \cdot 6 = -11.5,$$

also gleich dem bereits berechneten Minimalwert der Zielfunktion der primalen Aufgabe.
Man kann sich schließlich noch überlegen, wie die Dualisierung der allgemeinen linearen Optimierungsaufgabe, in der nur Ungleichungen als Nebenbedingungen auftreten, also für

$$\tilde{A}x \leq b, \quad x \geq 0 \quad \text{und}$$
$$(29) \quad \tilde{Q}(x) = \tilde{p}'x = \min!$$

aussieht. Die Einführung von Schlupfvariablen y führt diese Aufgabe über in eine solche der Form (18), (19) mit der speziellen Matrix $A = (\tilde{A}, E)$ und $z = \begin{pmatrix} x \\ y \end{pmatrix}$ sowie $p = \begin{pmatrix} \tilde{p} \\ 0 \end{pmatrix}$. Mit diesen Größen hat dann die duale Aufgabe (20), (21) die Gestalt

$$\tilde{A}'w \leq \tilde{p}$$
$$w = Ew \leq 0 \quad \text{und}$$
$$\bar{Q}(w) = b'w = \max!$$

Man sieht daran, daß die Variablen w_j in diesem Fall Vorzeichenbeschränkungen unterworfen sind. Es empfiehlt sich hier statt w die Variable $-w$ und an Stelle der Matrix $\tilde{A}$ die Matrix $-\tilde{A}$ zu betrachten, um zu der üblichen Form (29) einer allgemeinen linearen Optimierungsaufgabe zu kommen. Das zu (29) duale Problem lautet also

$$(30) \quad \begin{array}{l} (-A)'(-w) \leq \tilde{p}, \quad (-w) \geq 0 \quad \text{und} \\ \bar{Q}(w) = (-b)'(-w) = \max! \quad \text{oder} \quad -\bar{Q}(-w) = b'(-w) = \min! \end{array}$$

4. Ein Ausblick auf die konvexe Optimierung

In den Anwendungen kann es vorkommen, daß durch eine lineare Zielfunktion und lineare Restriktionen das Problem nur sehr ungenau beschrieben wird, so daß man gern nichtlineare Funktionen zulassen möchte. Im allgemeinen wird man über die dabei auftretenden Funktionen wenig sagen können und erhält Probleme, die nur sehr schwer einer allgemeinen Behandlung zugänglich sind.
Oft aber haben die Funktionen die Eigenschaft, konvex zu sein.

Definition: *Eine Funktion* $F(x)$ *heißt konvex in einem konvexen Definitionsgebiet G des* $\mathbb{R}^n$, *wenn für beliebige Punkte* x^0, x^1 *des Gebietes und* $t \in (0, 1)$ *gilt*

$$(31) \quad F(t \cdot x^0 + (1-t) \cdot x^1) \leq t \cdot F(x^0) + (1-t) \cdot F(x^1).$$

Man betrachtet nun Optimierungsaufgaben, bei denen konvexe Funktionen F und f_i $(i = 1, \ldots, m)$ auf einem konvexen Gebiet, etwa dem gesamten $\mathbb{R}^n$, gegeben sind und die Forderung gestellt wird, einen Punkt zu finden, in dem unter den Nebenbedingungen

(32) $f(x) \leq 0$ und $x \geq 0$

für die Zielfunktion

(33) $F(x) = \min!$

gelten soll. Hierbei bezeichnet f den Vektor mit den Komponenten $f_1, \ldots, f_m$. Welche Bedingungen man für das Minimum von F (x) erwarten darf, kann man sich in einem eindimensionalen Beispiel klar machen. Entweder die Funktion F besitzt im Innern des durch die Nebenbedingungen definierten Gebietes G ein Minimum, dann muß dort ihre Ableitung verschwinden, sofern sie existiert. Oder aber sie nimmt ihr Minimum in einem Punkt am Rande an, dann muß sie gegen den Randpunkt hin (schwach) monoton fallen, und die Ableitung in der

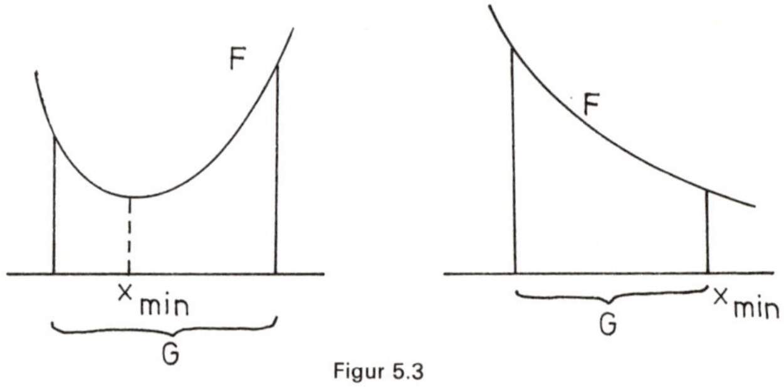

Figur 5.3

nach außen weisenden Richtung genommen muß negativ sein.
Eine ähnliche Situation hat man bei mehrdimensionalen Problemen, wenn in der Optimierungsaufgabe als Nebenbedingungen nur Gleichungen $f_i(x) = 0$ vorkommen. Man führt dann sogenannte Lagrange Multiplikatoren $u_1, \ldots, u_m$ ein, betrachtet den Ausdruck

(34) $\varphi(x, u) = F(x) + u' \cdot f(x)$

mit $u' = (u_1, \ldots, u_m)$ und setzt dessen Ableitungen nach den x_i und u_i gleich Null, um aus diesen Gleichungen die Lage lokaler Extrema zu bestimmen.
Die Verhältnisse der Lösungsmöglichkeiten bei Auftreten von Ungleichungen kann man sich an einem zweidimensionalen Beispiel verdeutlichen. Man zeichne Höhenlinien der Zielfunktion F und den durch $f(x_1, x_2) = 0$ gegebenen Rand des Gebietes zulässiger Punkte. Entweder liegt das Minimum von F im Innern des Gebietes, dann müssen alle partiellen Ableitungen erster Ordnung in diesem Punkt verschwinden, oder aber das Minimum wird in einem Randpunkt angenommen, in dem die Randkurve schleifend zu einer der Höhenlinie verläuft, d.h., daß die Ableitung von F in Richtung der Randkurve verschwindet. Die Ableitung senkrecht zum Rand darf einen beliebigen Wert haben, denn man

kann sie mit Hilfe eines geeigneten positiven Vielfachen des Gradienten der Funktion f kompensieren.

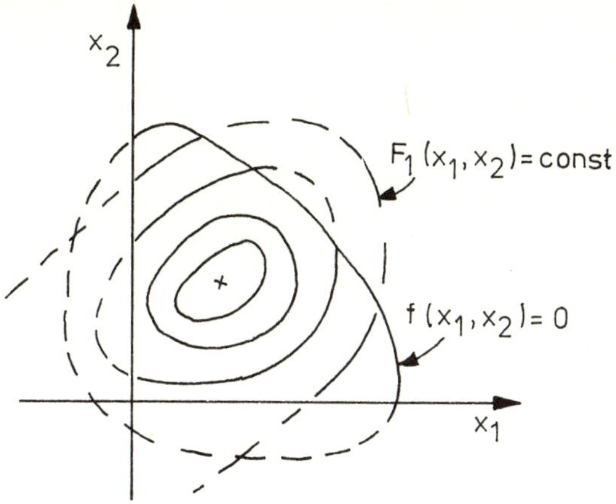

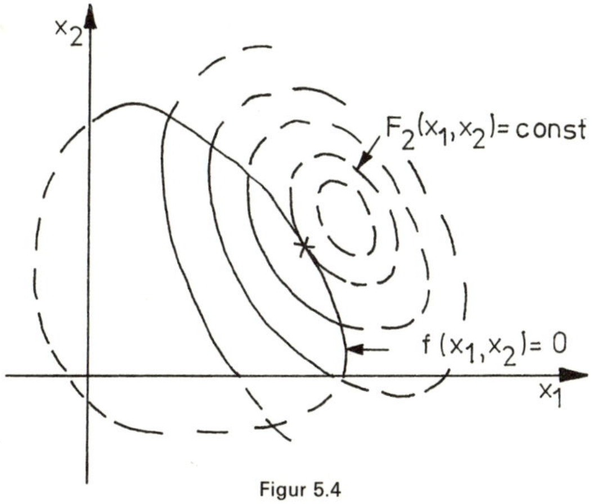

Figur 5.4

Physikalisch kann man die Aufgabe auch so deuten: Die Kurve legt eine Straße und F die Höhenlage fest, ein Wagen bewegt sich dann zum tiefsten Punkt der Straße. Die Leitplanken verhindern, daß er in eine neben der Straße befindliche Niederung rollt. Im Falle von Ungleichungen $f(x) \leq 0$ als Nebenbedingung hat sie sozusagen nur auf einer Seite Leitplanken, nach der anderen Seite kann man beliebig ausweichen.

Geht man von dem physikalischen Bild zur abstrakten Darstellung zurück, so muß man sagen, daß am Rand des Gebietes G zugelassener Punkte nur senkrecht ins Innere von G gerichtete Kompensationskräfte hervorgerufen werden können. Wenn das Minimum am Rand liegt, kommen zur Kompensation der Gradienten von F mit Hilfe der Gradienten von $f_1, \ldots, f_m$ also nur nichtnegative Lagrangemultiplikatoren in Frage, d. h., u unterliegt der Vorzeichenbeschränkung

$$u \geq 0, \quad u \in \mathbb{R}^m.$$

Dabei nehmen wir an, daß es Punkte mit

$$x > 0 \text{ und } f(x) < 0 \text{ gibt}$$

und daß f und F stetig differenzierbar sind.
Für ein lokales Minimum x^0 der Optimierungsaufgabe (32, 33) wären folgende Bedingungen notwendig (Kuhn-Tucker-Bedingungen).

Es gibt ein $u^{(0)} \geq 0$ mit

$$(35) \quad \frac{\delta \varphi}{\delta x_j}(x^{(0)}, u^{(0)}) \geq 0, \qquad \sum x_j^{(0)} \cdot \varphi_{x_j}(x^{(0)}, u^{(0)}) = 0$$

$$(36) \quad \frac{\delta \varphi}{\delta u_k}(x^{(0)}, u^{(0)}) \leq 0, \qquad \sum u_k^{(0)} \cdot \varphi_{u_k}(x^{(0)}, u^{(0)}) = 0.$$

Dies soll hier nicht weiter ausgeführt werden, sondern einem weiteren Literaturstudium des Lesers überlassen bleiben (Collatz-Wetterling [3]).
Wir wollen nur auf die Bedeutung der obigen Gleichungen hinweisen. Sie besagen, daß für ein jedes j entweder $x_j^{(0)}$ verschwindet und φ in Richtung dieser Koordinaten zu $x_j^0 = 0$ abnimmt, oder daß $x_j^{(0)}$ positiv ist, dann aber, wie üblich in einem Extrempunkt, die partielle Ableitung verschwinden muß. Entsprechende Aussagen gelten bezüglich der Gleichungen (36).
Dies soll an einem einfachen Beispiel vorgeführt werden.

Sei $\quad F(x_1, x_2) = x_1^2 + x_2^2$ und

(37) $\quad f(x_1, x_2) = 3x_1^2 + 4(x_2 - c)^2 - 3,$ also

$$\varphi(x_1, x_2, u) = x_1^2 + x_2^2 + u(3x_1^2 + 4(x_2 - c)^2 - 3).$$

Die Lage des Minimalpunktes von F werde für verschiedene Werte von c in der Nebenbedingung betrachtet.

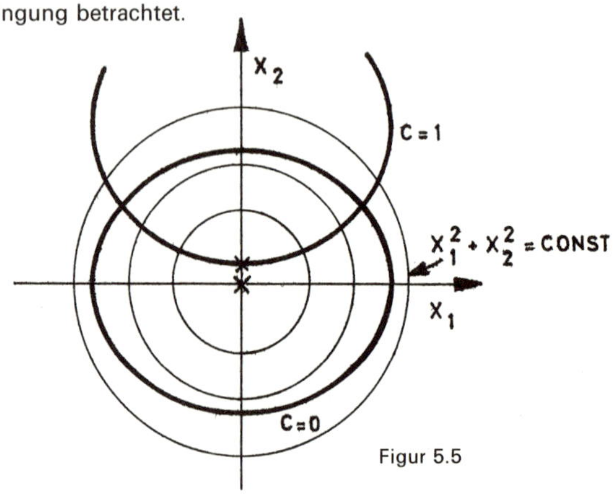

Figur 5.5

Man erhält (vgl. Aufgaben)

a) im Falle $c = 0$ als Lösung $x^0 = (0, 0)$; $u = 0$ und

b) im Falle $c = 1$ die Lösung $x^0 = (0, 1 - \frac{\sqrt{3}}{2})$, $u = \frac{2 - \sqrt{3}}{4 \cdot \sqrt{3}}$.

Manche Aufgaben der Optimierung haben eine besondere Gestalt und lassen entsprechend effektivere Methoden für ihre Behandlung zu. Bekannt ist das Transportproblem (vgl. Aufgaben), für das spezielle Methoden entwickelt worden sind.

5. Aufgaben

1. Man skizziere die Lösungsmengen folgender Ungleichungssysteme:

a)
$$\begin{aligned} -x_1 + 2x_2 &\leq 4 \\ x_1 + x_2 &\leq 6 \\ 2x_1 - x_2 &\leq 4 \qquad \text{sowie } x_i \geq 0 \end{aligned}$$

b)
$$\begin{aligned} -x_1 + 2x_2 &\leq 4 \\ -x_1 + x_2 &\leq 1 \\ x_1 - 3x_2 &\leq 3 \qquad \text{sowie } x_i \geq 0 \end{aligned}$$

c)
$$\begin{aligned} -x_1 + 2x_2 &\leq 4 \\ -x_1 - x_2 &\leq -3 \\ x_1 - 3x_2 &\leq 1 \\ 4x_1 + x_2 &\leq 20 \qquad \text{sowie } x_i \geq 0 \end{aligned}$$

2. Man verwandle die in Aufgabe 1 angegebenen Ungleichungen durch Einführung von Schlupfvariablen y_j in ein System von Gleichungen mit der zusätzlichen Bedingung $z = \begin{pmatrix} x \\ y \end{pmatrix} \geq 0$ und stelle sämtliche Ecken sowie die zugehörigen Indexmengen N und N* für die Basis- bzw. Parametervariablen auf.

3. Zur Veranschaulichung der Einbettung und der Projektionen bestehen im $\mathbb{R}^3$ leider nur sehr beschränkte Möglichkeiten. Man skizziere in einer Projektion des 3-dimensionalen Raumes die im Text definierten Polyeder K und $\breve{K}$ für die beiden Beispiele

a) $x_1 + x_2 \leq 6$ sowie $x_1 \geq 0$, $x_2 \geq 0$ im $\mathbb{R}^2$

und

b) $x_1 \leq 6$, $-x_1 \leq -1$ im $\mathbb{R}^1$.

4. Man löse das Optimierungsproblem

$$\begin{aligned} x_1 + 2x_2 + x_3 &\leq 5 \\ x_1 - x_2 + x_3 &\leq 4 \\ x_1 + x_2 + 3x_3 &\leq 6 \qquad x_i \geq 0, \\ Q(x) = -(6x_1 + 4x_2 + 2x_3) &= \min! \end{aligned}$$

5. Anhand der im Text angegebenen geometrischen Interpretation des Beispiels (3) im Abschnitt 1 untersuche man, in welchem Intervall man die Komponenten p_2 bei festem p_1 variieren darf, ohne daß die Eindeutigkeit der Lösung verlorengeht.
   Wie sieht die Lösungsmenge aus, wenn p_2 mit einem der Endpunkte des Eindeutigkeitsintervalles zusammenfällt?
6. Man betrachte die lineare Optimierungsaufgabe

$$\begin{aligned} -x_1 + 2x_2 &\leq 4 \\ -x_1 + x_2 &\leq 1 \\ x_1 - 3x_2 &\leq 3 \qquad x_i \geq 0 \\ Q(x) = p' \cdot x &= \min! \end{aligned}$$

   für

$$\text{a)} \qquad p' = (-3, -1)$$

$$\text{b)} \qquad p' = (\ 3,\ \ 1)$$

   und versuche, sie zu lösen.
   Wie lauten die zugehörigen dualen Programme, was kann man über ihre Lösungen sagen?
7. (Transportproblem)
   Zwei Fabriken P_1, P_2 stellen die gleiche Ware mit gleichen Kosten her und erzeugen davon b_1 bzw. b_2 t/Woche.
   In den drei Verkaufsstellen A_1, A_2, A_3 werden a_1, a_2, bzw. a_3 t/Woche verkauft.
   Die Transportkosten von P_i nach A_j seien p_{ij}. Wie sollte man die Belieferung gestalten, damit die gesamten Transportkosten möglichst niedrig ausfallen?
   Für $b_1 = 10$, $b_2 = 15$, $a_1 = 5$, $a_2 = 6$, $a_3 = 7$
   und $(p_{ij}) = \begin{pmatrix} 1 & 2 & 3 \\ 4 & 3 & 2 \end{pmatrix}$ bestimme man das Ergebnis.
8. Für welche Werte von a ist die folgenden Ungleichungen genügende Punktmenge konvex?

$$\begin{aligned} x_1 \geq 0,\ x_2 &\geq 0 \\ 3x_1^2 + 4x_2^2 &\leq 4 \\ 3x_1^2 - 7x_2^2 &\leq a. \end{aligned}$$

9. Man leite die in Beispiel (37) angegebenen Lösungen der Optimierungsaufgaben aus den Kuhn-Tucker-Bedingungen her.

LÖSUNGSHINWEISE ZU DEN AUFGABEN

Kapitel I

1. Ergebnisse: a) 5.57 b) $4.75 \cdot 10^7$ c) 0.373 d) 104

   Rechenschiebereinstellung im Fall

   a) $\pi^{3/2} = \pi \cdot \sqrt{\pi}$

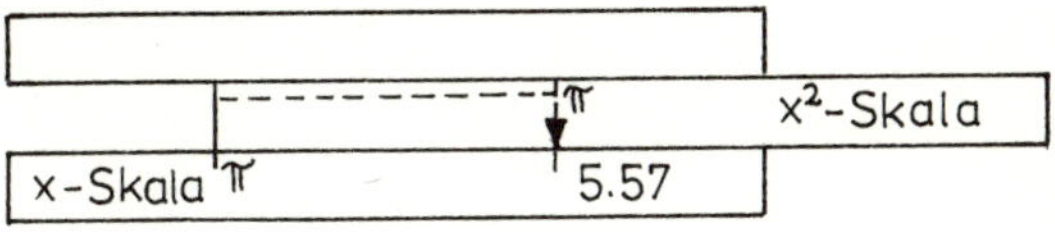

   b) $3 \cdot 10^{7.2} = 10^7 \cdot 3 \cdot 10^{0.2}$

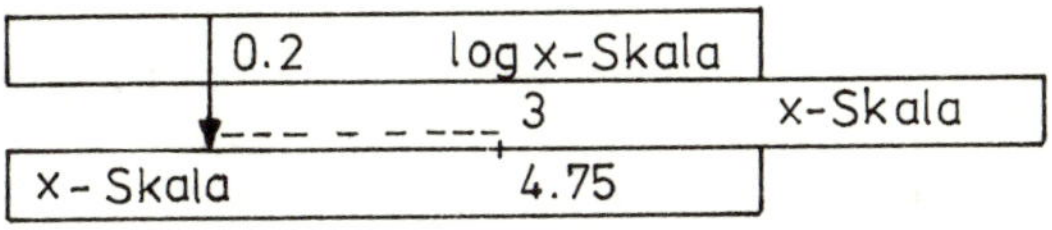

   c) $\sin 20° = x \cdot \ln 2.5$. Man benutze die $e^{0.1\,x}$-Skala für die Einstellung von ln 2.5 und danach die sin-Skala auf der Rückseite des Rechenschiebers

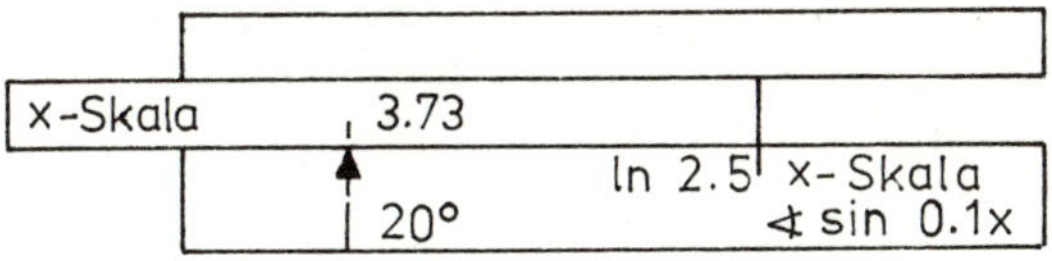

   d) $2^{6.7} = e^{6.7 \cdot \ln 2}$

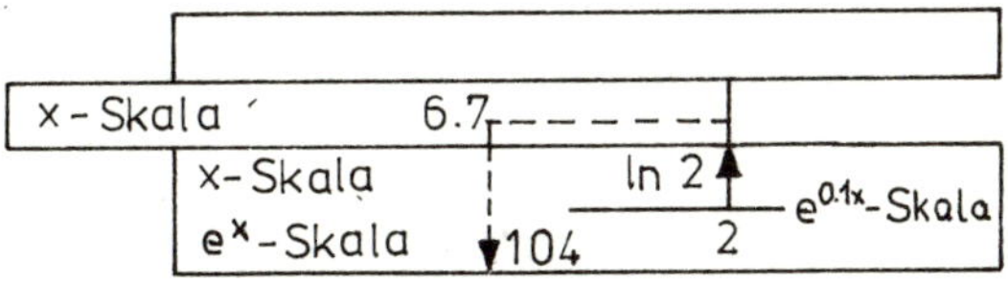

2. Auf dem Rechenschieber ist auf der x-Skala dem Wert x die Länge $X = 250 \cdot \log x$ mm zugeordnet, der Länge $X + 0.1$ also $\tilde{x}$ gemäß $X + 0.1 = 250 \cdot \log \tilde{x}$. Der relative Fehler ist mithin

$$\frac{\tilde{x} - x}{x} = 10^{\frac{1}{2500}} - 1 < 1 \cdot 10^{-3}.$$

3. Liege das zu schätzende Ergebnis z zwischen den Teilstrichen x und y, die zugeordneten Längen seien X, Y, Z (gemessen in Länge des Rechenstabes).

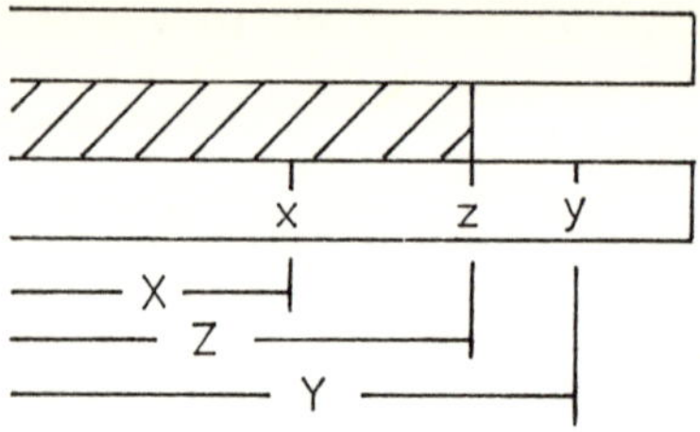

Geschätzt wird $\tilde{z} = x + (y - x) \cdot c$ mit $c = \dfrac{Z - X}{Y - X}$.

Für den exakten Wert z gilt

$\log z = \log x + (\log y - \log x) \cdot c$, also

$$z = x \cdot \left(1 + \frac{y - x}{x}\right)^c = x\left(1 + \frac{y - x}{x} \cdot c + \left(\frac{y - x}{x}\right)^2 \cdot \frac{c(c-1)}{2}\right.$$
$$\left. + \left(\frac{y - x}{x}\right)^3 \cdot \frac{c(c-1)(c-2)}{3!} + \ldots\right.$$

Weil diese Taylor-Entwicklung eine alternierende Reihe liefert und $|y - x| < x$ angenommen werden kann, erhält man

$$z \geq \tilde{z} + x\left(\frac{y - x}{x}\right)^2 \cdot \frac{c(c-1)}{2}$$

und somit die Fehlerabschätzung $0 \leq \tilde{z} - z \leq \dfrac{1}{8x}(y - x)^2$.

4. Hat der Vektor die Komponenten x, y, so ist seine Länge $r = \sqrt{x^2 + y^2}$, man hat also $r^2 = x^2 + y^2$ und dies kann als $R = X + Y$ mit $X = x^2, \ldots$ geschrieben werden. Man benötigt deshalb nur zwei gegeneinander verschiebbare Skalen gleicher Art, auf denen die Strecken $X = c \cdot x^2$ aufgetragen sind mit einem je nach Maßstab zu wählenden konstanten Faktor c.

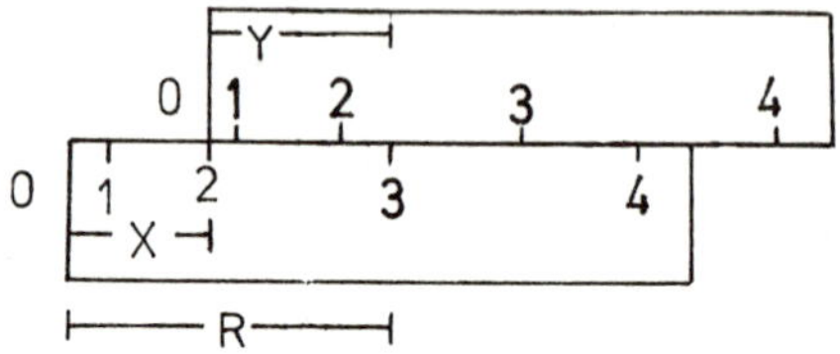

5. a) $y = \left(\frac{1}{\ln z} \cdot \ln x\right)^{-1}$

Man beachte die Symmetrien!

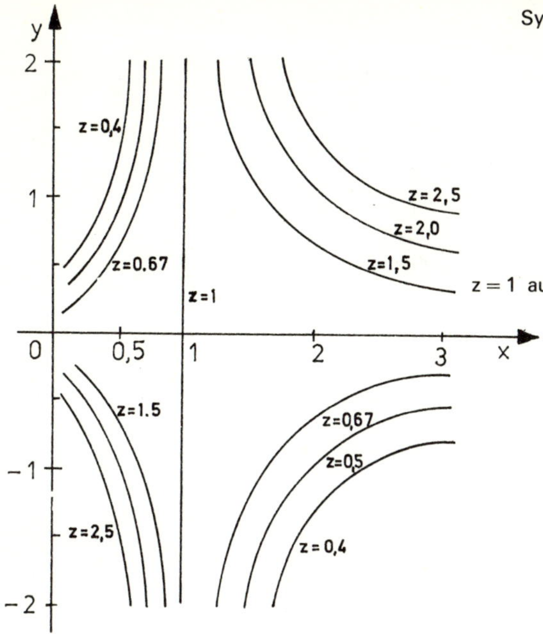

z = 1 auf der x-Achse

b) Für $x = 0$ ist $z = -1$, sonst $z = \frac{1-u^4}{1+u^4}$, $u = y/x$, d.h., auf Strahlen durch den Nullpunkt ist u und damit z konstant.

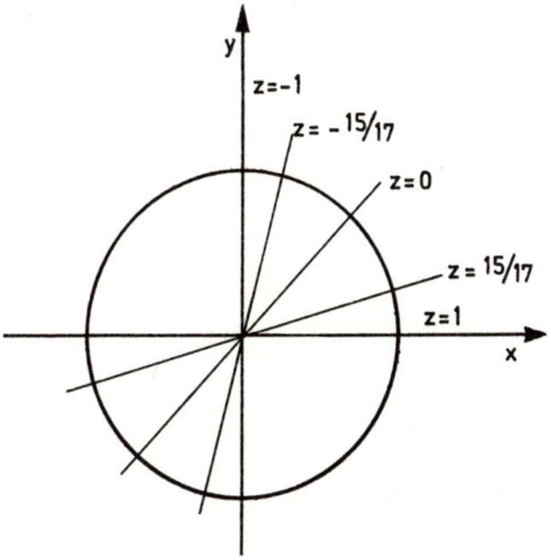

Anmerkung: Die Funktion ist zwar in der Umgebung des Nullpunktes beschränkt, aber in (0, 0) unstetig.

6. Mit den der Skizze zu entnehmenden Bezeichnungen ist

$P_1 = (0, h - X)$

$P_2 = (b, Y)$

$P_3 = (\frac{b}{L} \cdot Z, h - \frac{h}{L} \cdot Z)$ (Strahlensatz!)

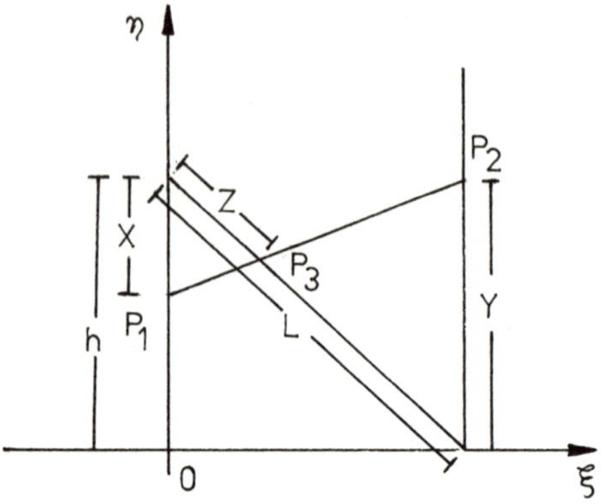

Für die Richtungsfaktoren $\alpha_1, \alpha_2, \alpha_3$ der Fluchtlinie gilt also

$$\begin{pmatrix} 0 & h-X & 1 \\ b & Y & 1 \\ \frac{b}{L}Z & h-\frac{h}{L}Z & 1 \end{pmatrix} \begin{pmatrix} \alpha_1 \\ \alpha_2 \\ \alpha_3 \end{pmatrix} = \begin{pmatrix} 0 \\ 0 \\ 0 \end{pmatrix}$$

Die Schlüsselgleichung erhält man durch Nullsetzen der Determinante dieses Gleichungssystems, da von Null verschiedene Lösungen existieren sollen.

7. Nach dem Strahlensatz folgt aus Figur 1.11 offenbar

$$\frac{g_3(z) - X}{f_3(z)} = \frac{Y - X}{b}, \text{ also}$$

$$\frac{g_3(z)}{f_3(z)} - \frac{X}{f_3(z)} + \frac{X}{b} - \frac{Y}{b} = 0, \text{ und dies hat}$$

mit $\varphi(x) = X, \quad \chi_1(z) = \left(\frac{1}{b} - \frac{1}{f_3(z)}\right), \quad \psi(y) = \frac{-Y}{b},$

$$\chi_2(z) = \frac{g_3(z)}{f_3(z)} \text{ die angegebene Form.}$$

In Figur 1.12 hat man analog

$$\frac{g_3(z) - g_1(x)}{f_3(z)} = \frac{g_2(y) - g_3(z)}{f_2(y) - f_3(z)}$$

oder nach $g_1(x)$ aufgelöst

$$g_1(x) = \frac{g_2(y)/f_2(y) - g_3(z)/f_3(z)}{1/f_2(y) - 1/f_3(z)}.$$

Nach Figur 1.13 ist $\frac{Z - X^2}{-X} = \frac{Z - Y^2}{Y}$ oder

$$(X + Y) Z - (X + Y) \cdot XY = 0, \text{ also } Z = XY \text{ für } X + Y \neq 0.$$

8. Man setze

$$X = x^2, \quad Y = y^2, \quad R = \frac{1}{2} \cdot r^2$$

und erhält, indem man an die Skalen die Werte x, y, r schreibt, ein Nomogramm mit drei parallelen Leitern.

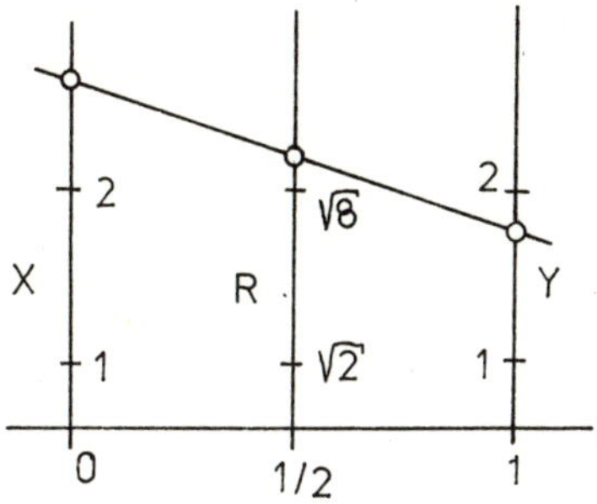

9. Die Umformung der gegebenen Gleichung in

$$D - D_1 - (1 - d \cdot D_1)\, D_2 = 0$$

zeigt eine Relation der Form (10). In Aufgabe 7. war gefunden worden

$$Y - \frac{g_3(z)}{f_3(z)} - \left(1 - \frac{1}{f_3(z)}\right) X = 0.$$

Gleichsetzen der Größen führt auf

$$X = D_2, \quad Y = D,$$

$$f_3(z) = \frac{1}{d \cdot D_1}, \qquad g_3(z) = f_3(z) \cdot D_1 = \frac{1}{d} \text{ und}$$

damit auf das Nomogramm

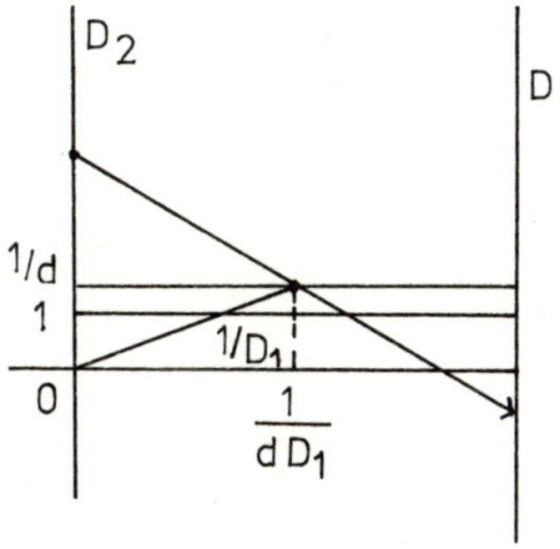

Es wäre so zu zeichnen, daß D_2 und D auf zwei Parallelen im Abstand 1 aufzutragen sind. Senkrecht dazu, durch die Punkte $D_2 = 1$ und $D = 1$, ziehe man eine Gerade, auf der man $1/D_1$ abtragen kann.

Ein Nachteil kann sein, daß D außerhalb der durch D_2 und D_1 bestimmten Punkte zu liegen kommt. Dann könnte man durch eine projektive Transformation zu einer anderen Darstellung des vorstehenden Nomogramms übergehen. Man kann dieses neue Nomogramm aber auch direkt aus der gegebenen Gleichung herleiten:

Aus $D = D_1 + D_2 - d \cdot D_1 D_2$

folgt $D - D_1 = (1 - d \cdot D_1) \cdot D_2$

und daraus $\dfrac{\dfrac{1}{D_1} - \dfrac{1}{D}}{0 - \dfrac{1}{D}} = \dfrac{\dfrac{1}{D_1} - d}{0 - \dfrac{1}{D_2}}$.

Nach Aufgabe 7 ist diese Gleichung durch ein Nomogramm zweiter Gattung darstellbar.

Mit $x = 1/D_1$, $y = 1/D_2$, $z = 1/D$ ist also zu wählen:

$$g_1(x) = 0, \quad f_1(x) = \frac{1}{D_1}$$

$$g_2(y) = d, \quad f_2(y) = \frac{1}{D_2}$$

$$g_3(z) = \frac{1}{D}, \quad f_3(z) = \frac{1}{D} \quad .$$

In x, y, z bekommt man folglich wieder gradlinige Leitern, obwohl wir zugelassen haben, daß für y und z beliebige Leitern auftreten. Wie das Nomogramm zeigt, kann auch noch d als Variable betrachtet werden, es gestattet also, D als Funktion von D_1, D_2 und d abzulesen.

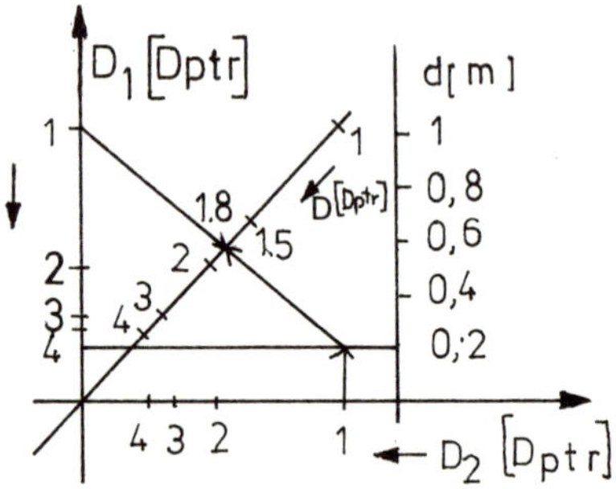

Ablesebeispiel: $D_1 = 1$, $D_2 = 1$, $d = 0.2$, Resultat $D = 1.8$.

10. Da nach der im Abschnitt 4 zitierten Formel

$|\varepsilon| \leq \frac{h^2}{8} \, |f''(\xi)|$ gilt und $f(x) = \log \cos x$, also $f''(x) = -\dfrac{1}{\cos^2 x}$, so ist

$|f''| \leq 2$ in $[0, \frac{\pi}{4}]$. Wählt man $h = 10^{-2}$, so folgt

$$\frac{h^2}{8} \cdot |f''| \leqq \frac{10^{-4} \cdot 2}{8} < 0.5 \cdot 10^{-4}.$$

11. Mit $\tau = x - x_0$ besteht die Taylor-Entwicklung

$f(x) = f_0 + \tau \cdot f_0' + \tau^2 \cdot \frac{f_0''}{2!} + \tau^3 \frac{f'''(\xi)}{3!}$ mit einem Zwischenpunkt ξ.

Für $x = x_j$ ist $\tau = j \cdot h$, also

$f(x_j) = f_0 + j \cdot h \cdot f_0' + j^2 \cdot h^2 \cdot \frac{f_0''}{2!} + j^3 \cdot \frac{h^3 f'''(\xi_j)}{3!}$ und damit

erhält man nach Einsetzen in die angegebene Interpolationsformel

$$y = f(x) - \frac{\tau^3}{3!} f'''(\xi) + \underbrace{+ \frac{\tau^2 h - \tau h^2}{4!} [8 f'''(\xi_2) - f'''(\xi_1) - f'''(\xi_{-1})] + \frac{\tau h^2}{3!} f'''(\xi_1)}_{R :=}$$

Berücksichtigt man, daß $f'''(x)$ sein Vorzeichen nicht wechseln kann, weil $f''' = \frac{+2}{\cos^3 x} \cdot \sin x$, ferner $|f'''| \leq 4$ und $0 \leq \tau \leq h$, so ist der Fehler

$$|R| \leq \frac{h^3}{3!} \cdot 4 + \frac{h^3}{4!} \cdot 8 \cdot 4 = 2 \cdot h^3 = 2 \cdot 10^{-6}.$$

Für eine genauere Abschätzung von Interpolationsfehlern vgl. Band II.

12. a) Gilt in jedem Zahlensystem mit der Basis $b \geq 4$.
b) Wegen $(b + 9) + (2b + 9) = 4b + 2$ muß gelten $b = 16$.
c) Aus $(b + 5) \cdot (2b + 1) = 4b^2 + 2b$ folgt $b = 5$, denn die zweite Wurzel der resultierenden quadratischen Gleichung ist negativ.

13. Man tabelliere die beiden Funktionen

a	b	c	$a \wedge (b \vee c)$	$(a \wedge b) \vee (a \wedge c)$
0	0	0	0	0
0	0	1	0	0
0	1	0	0	0
0	1	1	0	0
1	0	0	0	0
1	0	1	1	1
1	1	0	1	1
1	1	1	1	1

woraus man die Identität abliest, oder unterscheide die Fälle $a = 0$ und $a = 1$. Im ersten sind beide Seiten offenbar 0, im zweiten ist $a \wedge (b \vee c) = b \vee c$ und $(a \wedge b) \vee (a \wedge c) = (b) \vee (c)$, woraus ebenfalls die Übereinstimmung folgt.

14. a) und b) wie bei der Lösung von Aufgabe 13 durch Aufstellen der Tabelle.
15. Sei $x = x_1 \cdot 2 + x_0$, $y = y_1 \cdot 2 + y_0$, dann ist

    $u = x \cdot y = x_1 \cdot y_1 \cdot 2^2 + (x_1 \cdot y_0 + y_1 x_0) \cdot 2 + x_0 \cdot y_0$ und andererseits

    $u = u_3 \cdot 2^3 + u_2 \cdot 2^2 + u_1 \cdot 2 + u_0$.

    Man hat also zu bilden:

$$u_0 = x_0 \cdot y_0$$

$$v = x_1 \cdot y_0 + y_1 \cdot x_0 = 2 \cdot v_1 + v_0$$

$$u_1 = v_0$$

$$w = x_1 \cdot y_1 + v_1 \qquad = 2 \cdot w_1 + w_0$$

$$u_2 = w_0$$

$$u_3 = w_1$$

Eine Schaltung, unter Benutzung der bereits erklärten Schaltung [HA] für die Addition einstelliger Dualzahlen, könnte die Form haben

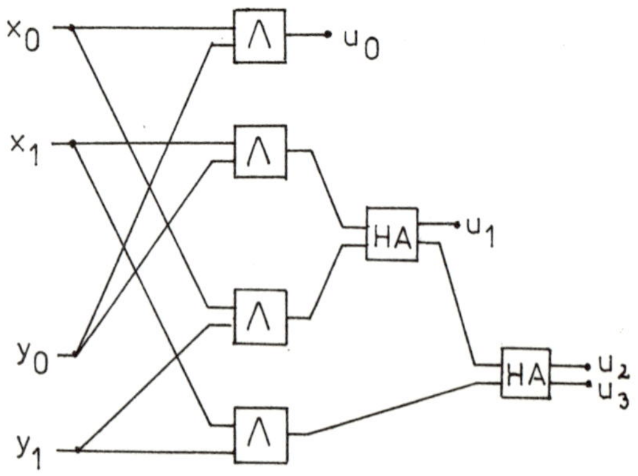

Kapitel II

1. Im Falle a) ist die zurückgelegte Wegstrecke nach der Zeit t [Std.]
   $s_a = 100 \cdot t$ [km].
   Im Falle b) erhält man für die anfängliche Beschleunigung

$$B = \frac{10^5 \text{ m}}{10 \text{ sec} \cdot 3600 \text{ sec}} = \frac{10}{3.6} \text{ m/sec}^2.$$

In den ersten 10 sec gilt also

$$s_b(t) = \frac{B}{2} t^2, \quad s_b(10\,\text{sec}) = \frac{500}{3.6}\,\text{m} = 139\,\text{m},$$

und später nach Übergang zur konstanten Geschwindigkeit

$$s_b(t) = 0.139 + 100 \cdot \left(t - \frac{10}{3600}\right)$$

$$= -0.139 + 100 \cdot t\,[\text{km}], \text{ t in Stunden gemessen.}$$

Für große, in die Stunden gehenden Fahrzeiten kann man deshalb den Anfahrvorgang in der Regel vernachlässigen, die Abweichung wird 140 m nicht überschreiten.

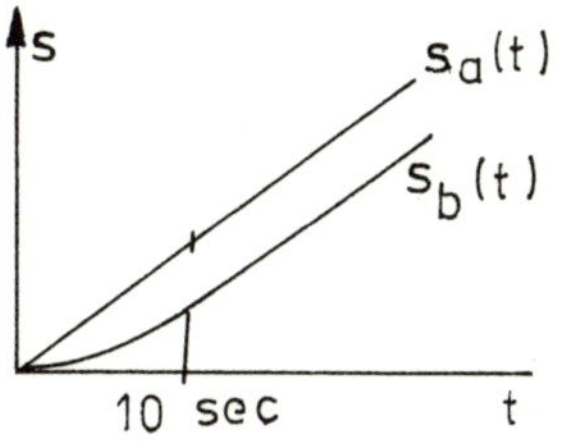

2. Das Volumen des verdrängten Wassers bestimmt sich zu

$$V(r, h) = \pi \int_0^h \rho^2(x)\,dx \text{ mit } \rho^2 = r^2 - (r - x)^2 = 2rx - x^2$$

d.h. $V(r, h) = \pi \cdot (r \cdot x^2 - \frac{1}{3}x^3) \mid_0^h$.

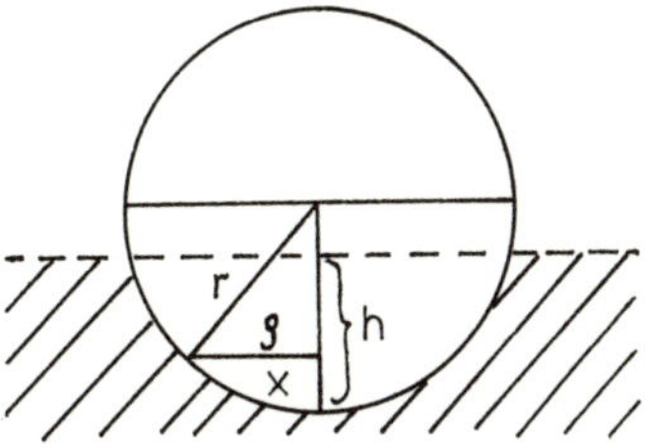

Das Gewicht beträgt demnach $G(r, h) = \pi(rh^2 - \frac{1}{3}h^3)$, das der Kugel also

$G^* \approx G(15, 10) = 3665$ g. Es ist

$$\frac{\partial G}{\partial r} = \pi \cdot h^2 \text{ und } \frac{\partial G}{\partial h} = 2\pi rh - \pi h^2.$$

Die Meßungenauigkeit in r und h ist folglich mit dem Faktor

$$\pi \cdot h_0^2 = 314\,\text{g/cm} \quad \text{bzw.} \quad \pi(2r_0h_0 - h_0^2) = 628\,\text{g/cm}$$

zu multiplizieren, um in erster Näherung die resultierende Gewichtsgenauigkeit zu erhalten; diese beträgt demnach

$$15.7 + 62.8 = 78.5\,\text{g}.$$

Da die Ableitungen positiv sind, erhält man andererseits eine Fehlerabschätzung durch $G(14.95, 9.9) \leq G^* \leq G(15.05, 10.1)$ oder

$$3587\,g \leq G^* \leq 3744\,g.$$

3. Es ist $g = \frac{4\pi^2 l}{T^2}$ oder $\log g = -2\log T + \log l + \log 4\pi^2$ und nach Differentiation

$$\frac{1}{g}\frac{\partial g}{\partial T} = \frac{-2}{T} \quad \text{sowie} \quad \frac{1}{g}\frac{\partial g}{l} = \frac{1}{l}.$$

Mit $T = 2.8375$ sec ergibt sich $g = 980.66\,\frac{\text{cm}}{\text{sec}^2}$ und demnach für den relativen Fehler in erster Näherung

$$\left|\frac{\Delta g}{g}\right| = \left|\frac{-2}{T}\cdot\Delta T + \frac{1}{l}\cdot\Delta l\right| \leq \frac{2}{T}\left|\Delta T\right| + \frac{1}{l}\left|\Delta l\right| = \quad 0.00088 + 0.00050$$

somit für den absoluten Fehler $|\Delta g| \leq 0.86 + 0.49$

4. Die Wurzeln von $x^2 + 2bx + c = 0$ werden durch $x_{1/2} = b \pm \sqrt{b^2 - c}$ gegeben.

Ist $b = b_0 + s$ und $c = c_0 + t$, so erhält man

$$x_{1/2} = b_0 + s \pm \sqrt{b_0^2 - c_0 + 2b_0 s - t + s^2}.$$

i) Für getrennte, reelle Wurzeln ist $b_0^2 > c$. Kleine Änderungen s und t der Koeffizienten bewirken lineare Veränderungen von $x_{1/2}$, denn man kann die Wurzel in eine Potenzreihe nach s und t entwickeln.

ii) In der Umgebung einer doppelten (also ebenfalls reellen) Nullstelle, d.h. $b_0^2 = c_0$, sind die Verhältnisse anders. Für $t = 0$ erhält man

$$x_{1/2} = b_0 + s \pm \sqrt{(2b_0 + s)\cdot s} = b_0 + \sqrt{s}\cdot\sqrt{2b_0} + s + \frac{s^{3/2}}{2\sqrt{2b_0}} + \ldots$$

(für $b_0 \neq 0$).

Man bekommt also eine Entwicklung nach Potenzen von $\sqrt{s}$, es ist $s \geq 0$ erforderlich.

Für kleines s ist $\sqrt{s} > s$, deshalb sind Doppelwurzeln gegen Ungenauigkeit sehr viel empfindlicher als einfache. Gleiches gilt für die Abhängigkeit in t.

iii)

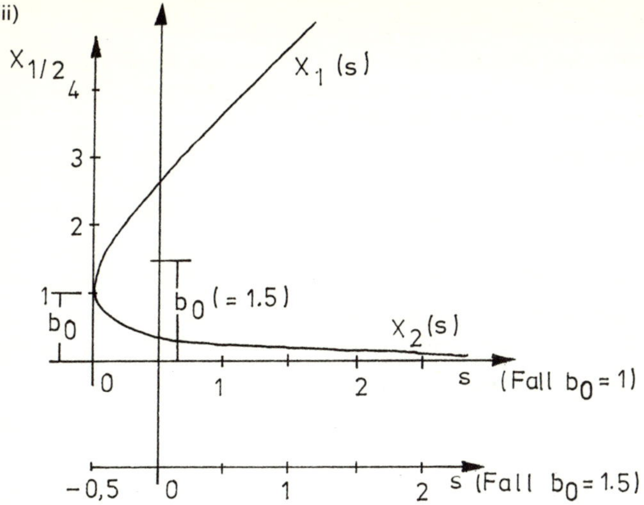

5. Man bekommt die Gleitkomma-Dualzahlendarstellungen

$13 = 0.1101 \cdot 2^4$	$13 = 0.1101 \cdot 2^4$	$72 = 0.1001 \cdot 2^7$
$-10 = -0.1010 \cdot 2^4$	$18 = 0.1001 \cdot 2^5$	$3 = 0.1100 \cdot 2^2$

und dementsprechend als jeweiliges Ergebnis

$13 + (-10) = 2^4 \cdot (0.1101 - 0.1010) = 2^4 \cdot 0.0011 = 3$ (dezimal)

$18 + 13 = 2^5 \cdot (0.1001 + 0.01101) = 2^5 \cdot 0.11111$, also gerundet

$\widetilde{13 + 18} = 2^5 \cdot 1.0000 = 32$ (dezimal)

$72 + 3 = 2^7 \cdot (0.1001 + 0.0000011) = 2^7 \cdot 0.1001011$

gerundet $\widetilde{72 + 3} = 2^7 \cdot 0.1001 = 72$ (dezimal)

6. Beginnt man die Summation mit den größten Gliedern, so ist, wie man sich leicht klarmacht, (vgl. Skizze)

$$1 + \int_1^n \frac{dx}{x^2} \geq \sum_{k=1}^n \frac{1}{k^2} \geq \int_0^n \frac{dx}{(1+x)^2} = 1 - \frac{1}{n+1}$$

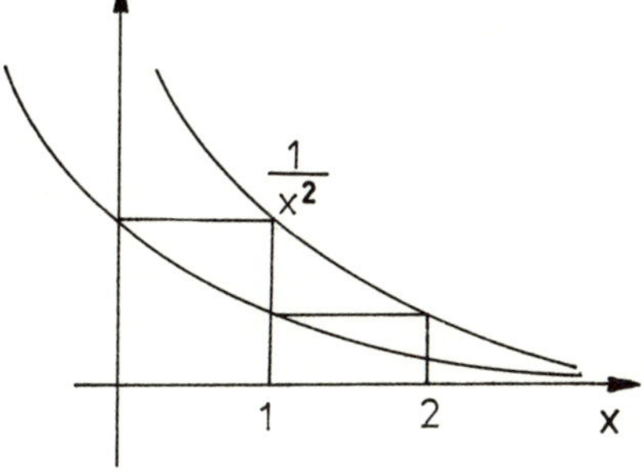

Ist nun für $k > n$ der zu addierende Term $\frac{1}{k^2} < \frac{1}{2} 10^{-6}$, so vermag er die Summe nicht mehr zu ändern, d.h., daß eine große Anzahl Glieder bei der Summe gar nicht berücksichtigt werden. Dies trifft für $k > 1414$ zu, der Verlust liegt in der Größenordnung 10^{-3}.

Andererseits ist

$\sum_{k=n}^{10^5} \frac{1}{k^2} \approx \int_n^{10^5} \frac{dx}{x^2} \approx \frac{1}{n} - 10^{-5}$, so daß beim Rechnen auch für große Werte von n in der Summe $s_n = \sum_{k=n+1}^{10^5} \frac{1}{k^2} + \frac{1}{n^2}$ der Summand $\frac{1}{n^2}$ noch Einfluß auf den Wert des Ergebnisses nimmt. Man kann weiter den maximalen Einfluß von Rundungsfehlern abschätzen. Bei jeder Addition ist der relative Fehler $\frac{1}{2} \cdot 10^{-6}$, der absolute Fehler bei der Addition $s_n = s_{n+1} + \frac{1}{n^2}$ also maximal $\frac{1}{2} 10^{-6} \cdot \frac{1}{n}$, der Gesamtfehler ist somit bei diesem Vorgehen abschätzbar durch

$$\frac{1}{2} 10^{-6} \cdot \sum \frac{1}{n} \approx \frac{1}{2} 10^{-6} \cdot \ln 10^5 \approx 6 \cdot 10^{-6}.$$

Im allgemeinen sollte man bei der Addition von n Zahlen wie folgt verfahren: Man sortiert die Zahlen der Größe nach, addiert die beiden betragsmäßig kleinsten Zahlen, sortiert deren Summenwert in die Reihe der übrigen Zahlen ein und fährt so fort bis nach $n - 1$ derartigen Schritten die Gesamtsumme feststeht.

7. Es seien a und b zwei Zahlen, die jede mit 2n Ziffern exakt dargestellt werden können. Da die Multiplikation von Zahlenpotenzen und Vorzeichen keinerlei Schwierigkeiten bereitet, so nehmen wir an, daß $0.1 \leq a, b < 1$ gilt.
   Wir zerlegen a in

   $$a = a_1 + a_2 \cdot 10^{-n},$$

   wobei a_1 und a_2 wieder durch $0 \leq a_1, a_2 < 1$ normiert sind und mit n Ziffern dargestellt werden können. Analog sei

   $$b = b_1 + b_2 \cdot 10^{-n}.$$

   Dann ist

   $$\begin{aligned} a \cdot b &= (a_1 + a_2 \cdot 10^{-n}) \cdot (b_1 + b_2 \cdot 10^{-n}) \\ &= \underbrace{a_1 \cdot b_1}_{2n \text{ Stellen}} + 10^{-n} \cdot (a_1 \cdot b_2 + b_1 \cdot a_2) + a_2 \cdot b_2 \cdot 10^{-2n} \end{aligned}$$

   Zur Ausführung der Multiplikation $a \cdot b$ spaltet man also zunächst die beiden Zahlen in der genannten Weise auf. Dann stellt man fest, welche Ziffer $a_2 \cdot b_2 \cdot 10^{-2n}$ in der $(2n+1)$-ten Stelle (gerundet!) liefert. Danach ermittelt man die übrigen Produkte und addiert stellengerecht. Wie im Text gezeigt, kann noch eine Verschiebung des 10er Exponenten um eine Stelle notwendig werden.

Beispiele für $n = 2$

a) $a = 0.3742$, $b = 0.4632$. Also ist

$a_1 = 0.37$, $a_2 = 0.42$, $b_1 = 0.46$, $b_2 = 0.32$. Damit findet man

$$\begin{aligned}
10^{-4} a_2 \cdot b_2 &= 0.00001344 = 0.1344 \cdot 10^{-4} \\
10^{-2} a_2 \cdot b_1 &= 0.001932 \quad = 0.1932 \cdot 10^{-2} \\
10^{-2} a_1 \cdot b_2 &= 0.001184 \quad = 0.1184 \cdot 10^{-2} \\
a_1 \cdot b_1 &= 0.1702 \quad\;\; = 0.1702 \cdot 10^{0}
\end{aligned}
\qquad
\begin{aligned}
&+]\ 0.1945 \cdot 10^{-2} \\
&\quad +]\ 0.3129 \cdot 10^{-2} \\
&\qquad +]\ 0.1733
\end{aligned}$$

Die Zwischenwerte wurden stets auf vier führende Ziffern gerundet. Exakter Wert ist 0.17332944, dessen Rundung auf vier Stellen führt zu demselben Ergebnis. Es ist zweckmäßig, zuerst die „kleinen Produkte" zusammenzufassen. Bei der Addition der ersten drei Produkte hat man gewissenmaßen zwei Schutzstellen, so daß der Rundungsfehler der Addition erst beim Addieren dieser Summe zu dem Produkt $a_1 \cdot b_1$ zu einer Abweichung von dem gerundeten Produkt $\widetilde{a+b}$ führen könnte.

b) Es ist $a_1 = 0.37$, $a_2 = 0.42$, $b_1 = 0.12$, $b_2 = 0.85$

$$\begin{aligned}
10^{-4} a_2 \cdot b_2 &= 0.3570 \cdot 10^{-4} \\
10^{-2} a_2 \cdot b_1 &= 0.5040 \cdot 10^{-3} \\
10^{-2} a_1 \cdot b_2 &= 0.3145 \cdot 10^{-2} \\
a_1 \cdot b_1 &= 0.4440 \cdot 10^{-1}
\end{aligned}
\qquad
\begin{aligned}
&+]\ 0.5397 \cdot 10^{-3} \\
&\quad +]\ 0.3685 \cdot 10^{-2} \\
&\qquad +]\ 0.4808 \cdot 10^{-1}
\end{aligned}$$

Exakter Wert ist $a \cdot b = 0.04808470$.

c) Es ist $a_1 = 0.90$, $a_2 = 0.03$, $b_1 = 0.16$, $b_2 = 0.50$

$$\begin{aligned}
10^{-4} a_2 b_2 &= 0.1500 \cdot 10^{-5} \\
10^{-2} a_2 b_1 &= 0.4800 \cdot 10^{-4} \\
10^{-2} a_1 b_2 &= 0.4500 \cdot 10^{-2} \\
a_1 b_1 &= 0.1440
\end{aligned}
\qquad
\begin{aligned}
&+]\ 0.4950 \cdot 10^{-4} \\
&\quad +]\ 0.4550 \cdot 10^{-2} \\
&\qquad +]\ 0.1486
\end{aligned}$$

Exakter Wert $a \cdot b = 0.1485495$, die Rundung auf vier Stellen ergibt 0.1485. Bei diesem Beispiel haben die Rundungen bei den Zwischensummen zu einer Abweichung in der vierten Stelle geführt.

8. Zunächst stellt man fest, daß x sicherlich positiv ist und wegen

$$y = \frac{\sqrt{x}}{1+x} \quad \begin{cases} < \sqrt{x} < 1 & \text{für } x < 1 \\ \leq \dfrac{x}{1+x} < 1 & \text{für } x \geq 1 \end{cases}$$

y kleiner als 1 ausfällt. Dagegen kann x in der angegebenen Form Werte zwischen 0 und 20 annehmen. Erweitert man die Formel für y mit d, so bekommt man mit $z = d \cdot x = (a+b) \cdot c$ den Ausdruck

$$y = \frac{\sqrt{d} \cdot \sqrt{z}}{d+z},$$

der schon besser für unsere Zwecke geeignet ist. Aufgrund der angegebenen Restriktionen für a, b, c und d wird $0 \leq z < 2$ und $0 < d+z < 3$ bleiben.

Diese Tatsache kann man ausnutzen, indem man noch mit 1/3 im Zähler und Nenner erweitert und diesen Faktor bis in die Berechnung von z hineinverarbeitet.

$$y = \frac{\sqrt{d/3} \cdot \sqrt{z/3}}{d/3 + z/3}.$$

Damit bietet sich folgendes Rechenschema (Programm) an. Man bilde der Reihe nach:

$$x_1 = a \cdot 0.33\ldots3$$
$$x_2 = b \cdot 0.33\ldots3$$
$$x_3 = x_1 + x_2$$
$$x_4 = c \cdot x_3 \,(= z/3)$$
$$x_5 = d \cdot 0.33\ldots3$$
$$x_6 = x_4 + x_5$$
$$x_7 = \sqrt{x_4}$$
$$x_8 = \sqrt{x_5}$$
$$x_9 = x_7 \cdot x_8$$
$$y = x_9 / x_6$$

Man verifiziert, daß jedes Zwischenergebnis kleiner als 1 ist.

Kapitel III

1. a) Man erhält folgende Wertetabelle, die eine auf die Lösung zusammenziehende Intervallschachtelung zeigt.

j	0	1	2	3	4	5	6	7
x_j	1.5000	1.3774	1.4080	1.4002	1.4021	1.4016	1.40176	1.40173

b) Da $H(x) := 10 \cdot e^{-x^2}$ monoton fällt, $H(0) = 10$ und $H(x) \to 0$ für $x \to \infty$, trifft der Graph die Gerade $y = x$, es gibt also eine Lösung. Sie liegt wegen $H(1) = 3.679$ und $H(1.5) = 1.054$ in $[1, 1.5]$. Das Iterationsverfahren divergiert jedoch, denn es ist $|H'(x)| > 1$ in diesem Intervall. Man iteriert in einem solchen Falle besser mit der Umkehrfunktion, i.e. $F(x)$ nach a); der Fixpunkt x^* ist derselbe.

c) Man erhält die Werte

j	0	1	2
x_j	1.50000	1.3928	1.40167

Der Leser mag anhand der Fälle a) und c) entscheiden, welcher Methode der Vorzug zu geben ist.

2. Sei $F(x)$ kontrahierend, es gibt also $k < 1$, so daß gleichmäßig in I besteht

$$\left| \frac{F(x_1) - F(x_2)}{x_1 - x_2} \right| \leq k.$$

Diese Schranke gilt dann auch für die Grenzwerte solcher Quotienten, d.h. $|F'(x)| \leq k$.

Ist umgekehrt $|F'(x)| \leq \max|F'(x)| = k < 1$, so gilt nach dem Mittelwertsatz für jedes Punktepaar aus I die genannte Abschätzung des Differenzenquotienten.

3. Wegen $F(1) = 2$, $F(1.5) = \frac{17}{12} = 1.417$, $F(2) = 1.375$ wird das Intervall $[1.5, 2]$ sicherlich nicht in sich abgebildet.

   $F'(x) = \frac{1}{2} - \frac{3}{x^3}$ ist in $x > 0$ monoton wachsend, folglich hat $F(x)$ in $x = \sqrt[3]{6}$ mit dem Wert $\frac{3}{4}\sqrt[3]{6} = 1.363$ ein Minimum, $F(x)$ bildet also $[1, 2]$ in sich ab. Da $F'(1) = -1$, $F'(1.5) = -\frac{7}{9}$, $F'(2) = \frac{1}{8}$, ist in $[1.5, 2]$ die Kontraktionskonstante $\frac{7}{9}$, in $[1, 2]$ jedoch 1. Für keines der Intervalle ist der Fixpunktsatz anwendbar!

   Betrachtet man jedoch mit $\alpha \in (1, 1.36)$ ein Intervall $[\alpha, 2]$, so ist dort die Ableitung und damit die Kontraktionszahl kleiner als 1 und das Intervall geht in sich über, also ist die Existenz eines Fixpunktes gewährleistet, den man hier natürlich elementar ausrechnen könnte. Er ist $x^* = \sqrt[3]{3} = 1.4422$.

4. Aus $f(x) \equiv x^3 - a$ folgt nach dem Newton'schen Verfahren

   $$x_{j+1} = \frac{2}{3}x_j + \frac{a}{3x_j^2}.$$

   Dies ist ein Iterationsverfahren mit der Iterationsfunktion

   $$G(x) = \frac{2}{3}x + \frac{a}{3x^2},$$

   $$G'(x) = \frac{2}{3} - \frac{2a}{3x^3}.$$

   Es sei $a > 0$, denn sonst kann man mit $-x$ statt x die gleiche Betrachtung durchführen. Für negative x ist $G'(x) > \frac{2}{3}$ und wächst monoton, $G'(x) \to \infty$ für $x \to 0$. Außerdem ist $G(x) - x = -\frac{1}{3}x + \frac{a}{3x^2} > 0$, d.h., nach endlich vielen Schritten muß eine Iterierte x_j positiv oder Null sein. Bei $x_j = 0$ kann die Iteration nur mit einer geeigneten Modifikation fortgeführt werden. Deshalb wird man praktisch (und vernünftigerweise) mit einem positiven x_0 starten. Sei also $x > 0$. Wegen $f'(x) = 3x^2$, $f''(x) = 6x > 0$ liegt jede Iterierte x_j mit $j > 0$ rechts von der Nullstelle $\sqrt[3]{a}$ von $f(x)$, und in dem Bereich $[\sqrt[3]{a}, \infty)$ ist $G'(x) \in [0, \frac{2}{3}]$, also $G(x)$ kontrahierend; demnach konvergiert $\{x_j\}$ und von x_1 an monoton fallend gegen $\sqrt[3]{a}$.

5. Wegen $f(\bar{x} \pm L) = f(\bar{x}) \pm L \cdot f'(\xi_\pm)$ mit geeigneten Zwischenwerten ξ_+, ξ_- und der Stetigkeit sowie dem Nichtverschwinden von f' hat $f(z)$ mit $z = \bar{x} - L \cdot \mathrm{sgn}(f(\bar{x}) \cdot f'(\bar{x}))$ von $f(\bar{x})$ verschiedene Vorzeichen, es liegt also zwischen diesen Punkten eine Nullstelle von f. Das Nichtverschwinden von

f' garantiert die Monotonie der Funktion, es kann also nur eine Nullstelle geben.

Gilt $f' \cdot f'' > 0$ so auch $\frac{f''}{f'} > 0$. Mit Formel (21) folgt daraus $x_{j+1} - x^* = \frac{1}{2}(x_j - x^*)^2 \frac{f''(x_j^*)}{f'(x_j)}$, wobei $x_j^* \in I$ ist, also $x_{j+1} - x^* > 0$, wie behauptet.

6. Zu prüfen sind Nullaxiome und Dreiecksungleichung, sie folgen unmittelbar aus den analogen Axiomen des normierten linearen Raumes.
7. Nach Voraussetzung ist $f(x^*) = f'(x^*) = \ldots = f^{(m-1)}(x^*) = 0$.
   Man kann also schreiben
   $$f(x) = (x - x^*)^m \cdot g(x), \qquad g(x^*) \neq 0$$
   und $g(x)$ ist stetig differenzierbar in der Umgebung von x^*. Damit findet man
   $$x_{j+1} - x^* = \frac{(x_j - x^*) f'(x_j) - mf(x_j)}{f'(x_j)} =$$
   $$= \frac{(x_j - x^*)^{m+1} \cdot g'(x_j)}{m \cdot (x_j - x^*)^{m-1} \cdot g(x_j) + (x_j - x^*)^m \cdot g'(x_j)} =$$
   $$= (x_j - x^*)^2 \cdot \frac{g'(x_j)}{m \cdot g(x_j) + (x_j - x^*) \cdot g'(x_j)},$$
   daraus folgt die Behauptung.
8. Man betrachte die Ableitung der Verfahrensfunktion
   $$G(x) = x - \frac{f(x)}{f'(x)} - \frac{1}{2} \frac{f''(x) \cdot f(x)^2}{(f'(x))^3}$$
   für $x \to x^*$. Es ist
   $$G'(x) = 1 - \frac{f'(x)}{f'(x)} + \frac{f(x) \cdot f''(x)}{f'(x)^2} - \frac{1}{2} \cdot \frac{f''(x) 2f(x) f'(x) + f'''(x) f(x)^2}{(f'(x))^3}$$
   $$+ \frac{3}{2} \frac{f''(x)^2 \cdot f(x)^2}{(f'(x))^4} =$$
   $$= -\frac{1}{2} \frac{f'''(x) f(x)^2}{(f'(x))^3} + \frac{3}{2} \frac{f''(x)^2 \cdot f(x)^2}{(f'(x))^4} =$$
   $$= -\frac{1}{2^3} \frac{f''' \cdot (x - x^*)^4 f''^2}{(x - x^*)^3 f''^3} + \frac{3}{8} \frac{f''^2 \cdot (x - x^*)^4 \cdot f''^2}{(x - x^*)^4 \cdot f''^4},$$
   folglich $G'(x^*) = \frac{3}{8}$. Falls Konvergenz vorliegt, ist diese also nach Satz 8 nur von erster Ordnung.
9. Die genannte Gerade genügt der Gleichung
   $$\varepsilon(x) = \varepsilon_j + (x - x_j) \frac{\varepsilon_{j-1} - \varepsilon_j}{x_{j-1} - x_j},$$
   ihre Nullstelle ist
   $$\hat{x}_{j+1} = \frac{x_j \cdot \varepsilon_{j-1} - x_{j-1} \cdot \varepsilon_j}{\varepsilon_{j-1} - \varepsilon_j} = x^*_{j+1}.$$
10. Man verifiziert zunächst die Linearität des Hornerschen Schemas bezüglich der Koeffizienten, d.h., berechnet man $f(x) + g(x)$ nach dem Schema, so

erhält man das gleiche Ergebnis wie bei getrennter Berechnung von f und g und anschließender Addition. Man darf annehmen, für Polynome (n − 1)ten Grades sei die Behauptung bereits bewiesen. Es genügt dann, $f(x) = x^n$ zu betrachten. Mit den Bezeichnungen von (29) ist

$$a_n = \bar{a}_n = \bar{\bar{a}}_n = 1$$

und $\bar{a}_{n-j} = x^j, \qquad \bar{\bar{a}}_{n-j} = (j+1) \cdot x^j,$

daraus folgt für $j = n - 1$ die Behauptung $\bar{\bar{a}}_1 = n \cdot x^n$ und wegen der Linearität und mit der Induktionsvoraussetzung ist alles bewiesen.

11. Beweis:

Die Differenz

$$\varphi(x) := x^n - |a_{n-1}| \cdot x^{n-1} - \ldots - |a_0|$$

ist in einer rechtsseitigen Umgebung von $x = 0$ negativ und strebt mit wachsendem x gegen $+\infty$. Also gibt es wenigstens eine Nullstelle.

Induktion:

Für $n = 1$ gibt es offenbar genau eine positive Nullstelle.

Die Induktionsvoraussetzung besagt, daß $\frac{1}{n} \varphi'(x)$ genau eine positive oder verschwindende Nullstelle besitzt. In $x > 0$ können deshalb nach dem Satz von Rolle höchstens zwei Nullstellen von $\varphi(x)$ liegen. Da $\varphi(x)$ in der Nähe von $x = 0$ aber negativ, für große x aber positiv ist, so muß die Anzahl der Nullstellen ungerade sein, d. h., es gibt höchstens eine Nullstelle.

12. a)

Iterations-schritt	Koeffizienten				Nullstellen-näherungen (Beträge)		
Gegebene Koeffizienten	1.0	−6.00	11.00	−6.00			
	1.0	$3.60 \cdot 10$ $2.20 \cdot 10$	$1.21 \cdot 10^2$ $-7.20 \cdot 10$	$3.60 \cdot 10$			
1.	1.0	$1.40 \cdot 10$	$4.90 \cdot 10$	$3.60 \cdot 10$	3.742	1.871	0.857
	1.0	$1.96 \cdot 10^2$ $-9.80 \cdot 10$	$2.40 \cdot 10^3$ $-1.01 \cdot 10^3$	$1.30 \cdot 10^3$			
2.	1.0	$9.80 \cdot 10$	$1.39 \cdot 10^3$	$1.30 \cdot 10^3$	3.146	1.942	0.982
	1.0	$9.60 \cdot 10^3$ $-2.79 \cdot 10^3$	$1.94 \cdot 10^6$ $-2.54 \cdot 10^5$	$1.68 \cdot 10^6$			
3.	1.0	$6.82 \cdot 10^3$	$1.69 \cdot 10^6$	$1.68 \cdot 10^6$	3.014	1.991	0.999
	1.0	$4.65 \cdot 10^7$ $-3.37 \cdot 10^6$	$2.84 \cdot 10^{12}$ $-2.29 \cdot 10^{11}$	$2.82 \cdot 10^{12}$			
4.	1.0	$4.31 \cdot 10^7$	$2.82 \cdot 10^{12}$	$2.82 \cdot 10^{12}$	3.000	2.000	1.000

b)

Iterationsschritt	Koeffizienten				Nullstellennäherungen (Beträge)		
Gegebene Koeffizienten	1.0	−4.0	−7.0	−2.0			
	1.0	$1.6 \cdot 10$ $1.4 \cdot 10$	$4.9 \cdot 10$ $-1.6 \cdot 10$	4.0			
1.	1.0	$3.0 \cdot 10$	$3.30 \cdot 10$	4.0	5.477	1.049	0.348
	1.0	$9.00 \cdot 10^2$ $-6.60 \cdot 10$	$1.09 \cdot 10^3$ $-2.40 \cdot 10^2$	$1.6 \cdot 10$			
2.	1.0	$8.34 \cdot 10^2$	$8.49 \cdot 10^2$	$1.6 \cdot 10$	5.374	1.004	0.371
	1.0	$6.96 \cdot 10^5$ $-1.70 \cdot 10^3$	$7.21 \cdot 10^5$ $-2.67 \cdot 10^4$	$2.56 \cdot 10^2$			
3.	1.0	$6.94 \cdot 10^5$	$6.94 \cdot 10^5$	$2.56 \cdot 10^2$	5.372	1.000	0.372
	1.0	$4.81 \cdot 10^{11}$ $-1.39 \cdot 10^6$	$4.82 \cdot 10^{11}$ $-3.55 \cdot 10^8$	$6.55 \cdot 10^4$			
4.	1.0	$4.81 \cdot 10^{11}$	$4.81 \cdot 10^{11}$	$6.55 \cdot 10^4$	5.372	1.000	0.372

Bemerkung: Vergleiche vorhergehende Aufgabe!

c)

Iterationsschritt	Koeffizienten				Nullstellennäherungen (Beträge)		
Gegebene Koeffizienten	1.0	−1.0	−4.0	4.0			
	1.0	1.0 8.0	$1.6 \cdot 10$ 8.0	$1.6 \cdot 10$			
1.	1.0	9.0	$2.4 \cdot 10$	$1.6 \cdot 10$	3.000	1.633	0.816
	1.0	$8.10 \cdot 10$ $-4.80 \cdot 10$	$5.76 \cdot 10^2$ $-2.88 \cdot 10^2$	$2.56 \cdot 10^2$			
2.	1.0	$3.30 \cdot 10$	$2.88 \cdot 10^2$	$2.56 \cdot 10^2$	2.397	1.719	0.871
	1.0	$1.09 \cdot 10^3$ $-5.76 \cdot 10^2$	$8.29 \cdot 10^4$ $-1.69 \cdot 10^4$	$6.55 \cdot 10^4$			
3.	1.0	$5.13 \cdot 10^2$	$6.60 \cdot 10^4$	$6.55 \cdot 10^4$	2.182	1.835	0.999
	1.0	$2.63 \cdot 10^5$ $-1.32 \cdot 10^5$	$4.36 \cdot 10^9$ $-6.72 \cdot 10^7$	$4.29 \cdot 10^9$			
4.	1.0	$1.31 \cdot 10^5$	$4.30 \cdot 10^9$	$4.29 \cdot 10^9$	2.089	1.915	1.000
	1.0	$1.72 \cdot 10^{10}$ $-8.59 \cdot 10^9$	$1.84 \cdot 10^{19}$ $1.13 \cdot 10^{15}$	$1.84 \cdot 10^{19}$			
5.	1.0	$8.59 \cdot 10^9$	$1.84 \cdot 10^{19}$	$1.84 \cdot 10^{19}$	2.044	1.957	1.000

Bemerkung: Da die doppelten Produkte der zweiten Spalte nicht klein werden relativ zu den Quadraten der Koeffizienten, vermutet man das Auftreten einer Doppelwurzel, hier vom Wert 2. Die Nullstellen des Ausgangspolynoms sind −2, +2 und 1.

d)

Iterationsschritt	Koeffizienten				Nullstellennäherungen (Beträge)		
Gegebene Koeffizienten	1.0	6.0	11.0	−6.0			
	1.0	36.0 −22.0	121.0 72.0	36.0			
1.	1.0	14.0	193.0	36.0	3.742	3.713	0.432
	1.0	$1.96 \cdot 10^2$ $-3.86 \cdot 10^2$	$3.2 \cdot 10^4$ $-1.01 \cdot 10^3$	$1.30 \cdot 10^3$			
2.	1.0	$-1.90 \cdot 10^2$	$3.62 \cdot 10^4$	$1.30 \cdot 10^3$	3.713	3.716	0.435
	1.0	$3.61 \cdot 10^4$ $-7.25 \cdot 10^4$	$1.31 \cdot 10^9$ $4.92 \cdot 10^5$	$1.68 \cdot 10^6$			
3.	1.0	$-3.64 \cdot 10^4$	$1.31 \cdot 10^9$	$1.68 \cdot 10^6$	3.716	3.712	0.435

Bemerkung: An den negativen Koeffizienten der iterierten Polynome ist das Auftreten komplexer Wurzeln zu erkennen; diese werden in der vorliegenden Form des Graeffe-Verfahrens nicht berechnet.

Kapitel IV

1. a) Man eliminiere in der Reihenfolge $x_1, x_2, \ldots$.

$$L = \begin{pmatrix} 1 & 0 & 0 & 0 \\ \frac{1}{2} & 1 & 0 & 0 \\ 0 & \frac{2}{3} & 1 & 0 \\ 0 & 0 & \frac{3}{4} & 1 \end{pmatrix} \qquad R = \begin{pmatrix} 1 & \frac{1}{2} & 0 & 0 \\ 0 & \frac{3}{4} & \frac{1}{2} & 0 \\ 0 & 0 & \frac{2}{3} & \frac{1}{2} \\ 0 & 0 & 0 & \frac{5}{8} \end{pmatrix}$$

Die Lösung ist $x_1 = x_4 = 0.8$ und $x_2 = x_3 = 0.4$.
Man benötigt $1 + 5(n-1)$ Multiplikationen oder Divisionen und $2(n-1)$ Additionen oder Subtraktionen, hier ist $n = 4$. Es ist bemerkenswert, daß der Arbeitsaufwand nur linear mit n anwächst.

b)

$$L = \begin{pmatrix} 1 & 0 & 0 & 0 \\ \frac{1}{2} & 1 & 0 & 0 \\ \frac{1}{3} & 1 & 1 & 0 \\ \frac{1}{4} & \frac{9}{10} & \frac{3}{2} & 1 \end{pmatrix} \qquad R = \begin{pmatrix} 1 & \frac{1}{2} & \frac{1}{3} & \frac{1}{4} \\ 0 & \frac{1}{12} & \frac{1}{12} & \frac{3}{40} \\ 0 & 0 & \frac{1}{180} & \frac{1}{120} \\ 0 & 0 & 0 & \frac{1}{2800} \end{pmatrix}$$

Aus $A \cdot x = b$ wird $Ry = c$ mit

$$c = \begin{pmatrix} 1 \\ \frac{1}{2} \\ \frac{1}{6} \\ \frac{1}{20} \end{pmatrix}$$

und durch Rücksubstitution

$x_1 = -4, \quad x_2 = 60, \quad x_3 = -180, \quad x_4 = 140.$

Es ist interessant zu versuchen, ob man dieses Ergebnis auch durch Rechnen mit Dezimalzahlen erhalten kann. Man beachte, wie klein die Determinante von R ist!

Operationszahlen: Wie im Text angegeben, benötigt man ca. $\frac{n^3}{3} + 0(n^2)$ Punktoperationen und Additionen.

2. a) Man findet das tridiagonale Gleichungssystem

$$\begin{aligned}
(h^2-2)\cdot u_1 + u_2 &= -u_0 = 0 \\
u_1 + (h^2-2)\cdot u_2 + u_3 &= 0 \\
\vdots \qquad \vdots \qquad \vdots & \\
u_{n-3} + (h^2-2)\cdot u_{n-2} + u_{n-1} &= 0 \\
u_{n-2} + (h^2-2)\cdot u_{n-1} &= -u_n = -1
\end{aligned}$$

b) Einige Werte sind mit $x_j = \frac{\pi \cdot j}{2n}$, $h = \frac{\pi}{2n}$ tabelliert:

n	h	Näherungswerte	exakte Lösung
2	$\frac{\pi}{4}$	$u_1 = 0.7230$	$y(x_1) = 0.7071$
3	$\frac{\pi}{6}$	$u_1 = 0.5054$	$y(x_1) = 0.5000$
		$u_2 = 0.8722$	$y(x_2) = 0.8660$
4	$\frac{\pi}{8}$	$u_1 = 0.3851$	$y(x_1) = 0.3827$
		$u_2 = 0.7108$	$y(x_2) = 0.7071$
		$u_3 = 0.9268$	$y(x_3) = 0.9239$

3. Für die Elemente von L · R soll gelten

$$a_{jk} = \sum_{i=1}^{n} l_{ji} \cdot r_{ik}.$$

Da L und R untere bzw. obere Dreiecksmatrizen sein sollen, reduziert sich die Summe auf

$$a_{jk} = \sum_{i=1}^{j-1} l_{ji} \cdot r_{ik} + r_{jk} \text{ für } j \leq k.$$

Bei festem j kann man daraus r_{jk} $(k = j, j+1, \ldots, n)$ berechnen. Die übrigen Elemente l_{jm}, r_{mk} sind nach der in der Aufgabe angegebenen Reihenfolge bereits bekannt.

$$a_{jk} = \sum_{i=1}^{k-1} l_{ji} \cdot r_{ik} + r_{kk} \cdot l_{jk} \text{ für } j > k.$$

Bei festem k kann daraus analog l_{ik} $(j = k+1, \ldots, n)$ ermittelt werden.

4. Mit Hilfe der in der vorhergehenden Aufgabe abgeleiteten Formeln kann man eine Induktion durchführen.
Für r_{1k} mit $k \geq m+1$ ist das Verschwinden offensichtlich, ebenso für l_{j1} mit $j \geq m+1$. Zu beliebigen k und festem j folgt die Tatsache aus dem Verschwinden von a_{jk} und r_{ik} mit $i < j$ für jedes $k \geq j+m$, d.h. auf einer Zeile von R. Entsprechend schließt man nun, falls $r_{kk} \neq 0$, auf das Verschwinden der Elemente l_{jk} mit festem k und $j \geq k+m$, d.h. in der k-ten Spalte von L.

5. Man schreibe das Gleichungssystem um zu

$$x_1 = 2 - \frac{0{,}02}{6} \cdot x_2$$
$$x_2 = 2 - 0.006 \cdot x_1.$$

Dann erhält man beim

		x_1	x_2
Gesamtschrittverfahren:	Ansatz	2.000 000 000	2.000 000 000
	1.	1.993 333 333	1.988 000 000
	2.	1.993 373 333	1.988 040 000
	3.	1.993 373 200	1.988 039 760
Einzelschrittverfahren:	Ansatz	2.000 000 000	2.000 000 000
	1.	1.993 333 333	1.988 040 000
	2.	1.993 373 200	1.988 039 761
	Exakte Lösung ist	1.993 373 201	1.988 039 761

6. a) Es ist $E - AX_1 = (E - AX)^2$, woraus die Behauptung folgt.

b) Es ist $X_1 = \begin{pmatrix} 0.166\,667 & -0.000\,667 \\ -0.001\,000 & 0.200\,000 \end{pmatrix}$

$|||E - AX||| = 5 \cdot 10^{-3}$,

$|||E - AX_1||| = 2 \cdot 10^{-5}$.

7. a) Man muß für $|\sum_k b_{jk} x_k| = \sum_k |b_{jk}|$ sorgen, wobei j ein Index mit der Eigenschaft $\sum |b_{ik}| \leq \sum |b_{jk}|$ für $i = 1, \ldots, n$ ist.
Dies kann man durch einen Vektor mit den Komponenten $x_k := \operatorname{sign} b_{jk}$ erreichen.

b) Sei j so gewählt, daß $\sum_k |b_{ki}| \leq \sum_k |b_{kj}|$ für $i = 1, \ldots, n$ gilt.
Setzt man $x_j = 1$, $x_i = 0$ für $i \neq j$, so ist $B \cdot x = (b_{1j}, \ldots, b_{nj})'$ und $\|Bx\| = \sum_k |b_{kj}| = |||B|||$.

8. Wegen $(a_{jm}) = L \cdot C = (\sum_k l_{jk} \cdot c_{km})$ ist

$$\sum_m (|r_{jm}| + |a_{jm}|) \leqq \sum_m |r_{jm}| + \sum_m \sum_k |l_{jk}| \cdot |c_{km}|$$
$$\leqq \sum_k |r_{jk}| + \sum_k (\sum_m |c_{km}|) \cdot |l_{jk}|$$

also

$$\max_j \sum_m (|r_{jm}| + |a_{jm}|) \leqq \max_j \left[\sum_k |r_{jk}| + |||C||| \cdot \sum_k |l_{jk}| \right].$$

Kapitel V

1. Man erhält folgende Bereiche:

a)

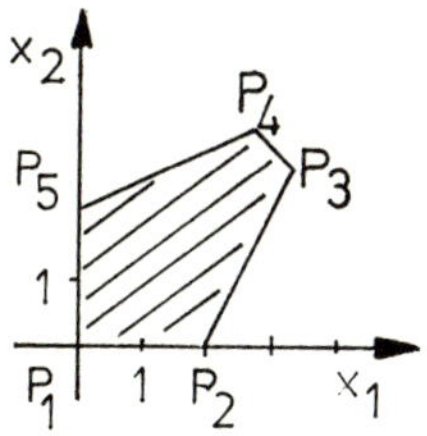

b)

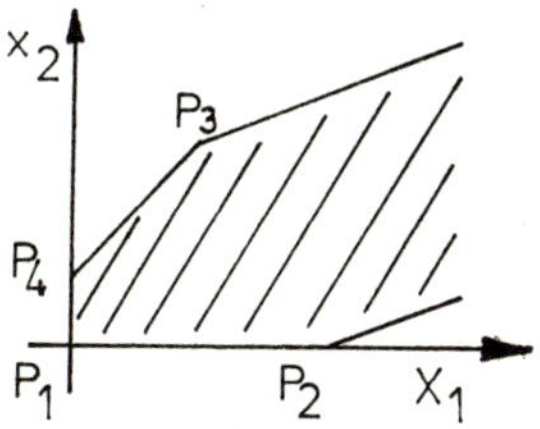

c)

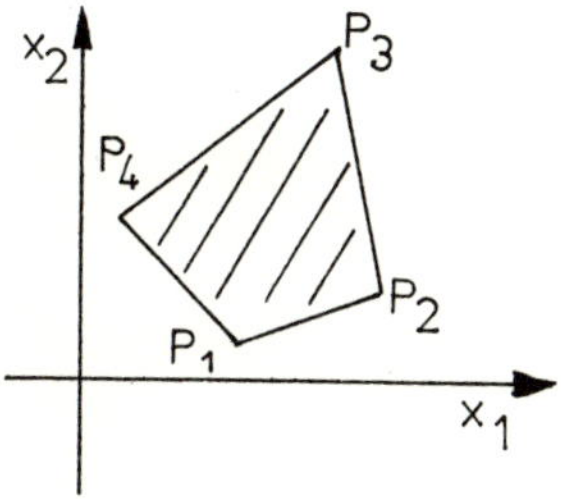

2. Setzt man wie im Text $z_1 = x_1$, $z_2 = x_2$, $z_{2+j} = y_j$, so erhält man

		z_1	z_2	z_3	z_4	z_5	z_6	Basisvariablen N	Parametervariablen N*
a)	P_1	0	0	4	6	4	—	3, 4, 5	1, 2
	P_2	2	0	6	4	0	—	1, 3, 4	2, 5
	P_3	$3\frac{1}{3}$	$2\frac{2}{3}$	2	0	0	—	1, 2, 3	4, 5
	P_4	$2\frac{2}{3}$	$3\frac{1}{3}$	0	0	2	—	1, 2, 5	3, 4
	P_5	0	2	0	4	6	—	2, 4, 5	1, 3
b)	P_1	0	0	4	1	3	—	3, 4, 5	1, 2
	P_2	3	0	7	4	0	—	1, 3, 4	2, 5
	P_3	2	3	0	0	10	—	1, 2, 5	3, 4
	P_4	0	1	2	0	6	—	2, 3, 5	1, 3
c)	P_1	$2\frac{1}{2}$	$\frac{1}{2}$	$5\frac{1}{2}$	0	0	$9\frac{1}{2}$	1, 2, 3, 6	4, 5
	P_2	$4\frac{9}{13}$	$1\frac{3}{13}$	$6\frac{3}{13}$	$2\frac{12}{13}$	0	0	1, 2, 3, 4	5, 6
	P_3	4	4	0	5	9	0	1, 2, 4, 5	3, 6
	P_4	$\frac{2}{3}$	$2\frac{1}{3}$	0	0	$7\frac{1}{3}$	15	1, 2, 5, 6	3, 4

3. Man erhält für K die Bedingungen

a) $x_1 + x_2 + y_1 = 6,\ x_1 \geq 0,\ x_2 \geq 0,\ y_1 \geq 0$

b) ① : $x_1 + y_1 = 6$, ② : $-x_1 + y_2 = -1$

Und damit die beiden Darstellungen

a)

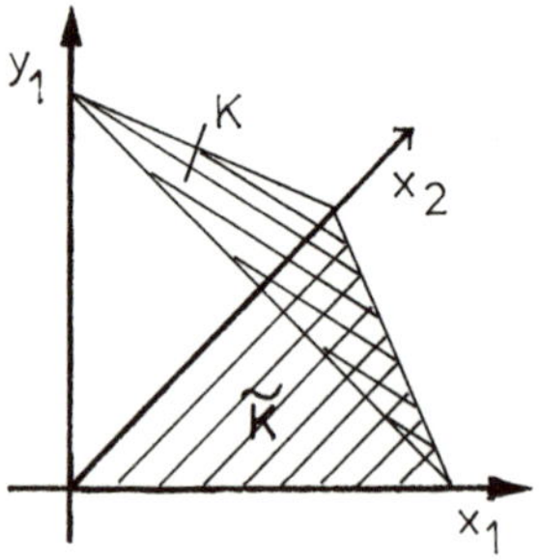

b)

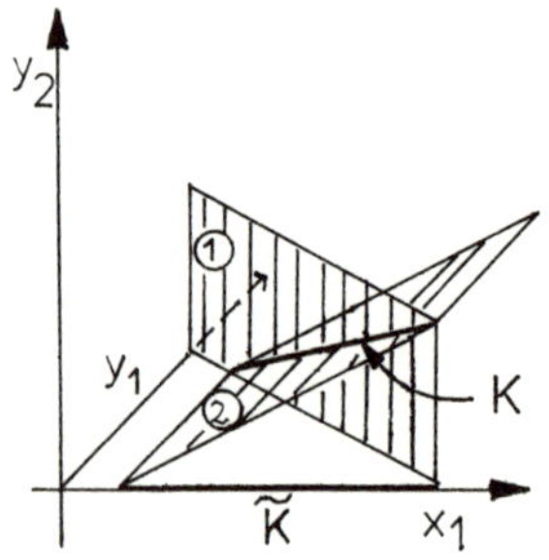

4.

	$\downarrow$ x_1	x_2	x_3	b	b_k/a_{k1}
y_1	1	2	1	5	5
$\rightarrow y_2$	1	-1	1	4	4
y_3	1	1	3	6	6
Q	6	4	2	0	

Die Auswahl von x_1 ist willkürlich, die von y_2 dann aber zwangsläufig.

	y_2	$\downarrow$ x_2	x_3	b	b_k/a_{k2}
$\rightarrow y_1$	-1	3	0	1	$1/3$
x_1	1	-1	1	4	–
y_3	-1	2	2	2	1
Q	-6	10	-4	-24	

Es ist x_2 zu verwenden und y_1 zu eliminieren.

	y_2	y_1	x_3	b
x_2	$-1/3$	$1/3$	0	$1/3$
x_1	$2/3$	$-1/3$	1	$4\,1/3$
y_3	$-1/3$	$-2/3$	2	$1\,1/3$
Q	$-8/3$	$-10/3$	-4	$-27\frac{1}{3}$

Es ist also in $x_1 = 4\frac{1}{3}$, $x_2 = 1/3$, $x_3 = 0$

$$Q = -27\frac{1}{3} \text{ minimal.}$$

5.

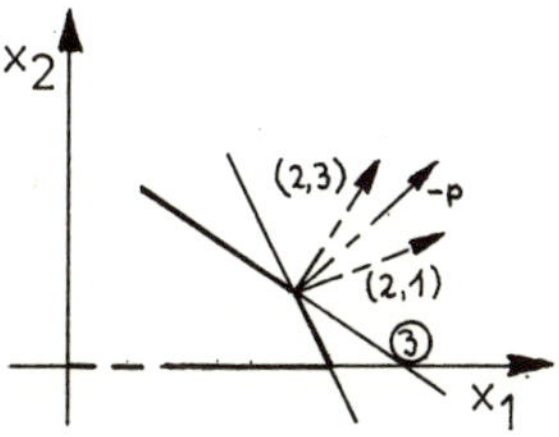

Der Punkt (2.25, 0.5) bleibt Minimalpunkt, solange $-p$ in den von den beiden Vektoren (2, 1) und (2, 3) gebildeten Winkelbereich weist, d. h., bei festem

$p_1 = 4$ für $4 \cdot \frac{1}{2} = 2 < p_2 < 4 \cdot \frac{3}{2} = 6.$

Fällt p_2 mit einem der Grenzwerte zusammen, so sind alle Punkte eines der Randsegmente Lösungen.

Sei etwa $p_2 = 2$, dann sind es alle Punkte der von (2.5, 0) und (2.25, 0.5) begrenzten Strecke.

Algebraisch: Man führe y_2 und y_3 mit (14) als Parametervariablen in die Zielfunktion ein und nehme p_2 als zunächst unbestimmtem Wert

$$Q(x) = -9 - 0.5p_2 + (3 - 0.5p_2)\ y_2 + (0.5p_2 - 1)\ y_3$$

Der Eckpunkt mit $y_2 = y_3 = 0$ bleibt Minimallösung, solange

$$3 - 0.5p_2 > 0 \quad \text{und}$$
$$0.5p_2 - 1 \quad > 0$$

gilt. Dies führt ebenfalls auf das oben für p_2 angegebene Intervall.

6. a) Simplextableau:

	x_1	x_2	b	b_k/a_{k1}
y_1	−1	2	4	*
y_2	−1	1	1	*
y_3	1	−3	3	3
Q	3	1	0	

	y_3	x_2	b
y_1	1	−1	7
y_2	1	−2	4
x_1	1	−3	3
Q	−3	10	−9

Jetzt kann man x_2 beliebig wachsen lassen, ohne daß eine der anderen Variablen zu Null wird, gleichzeitig strebt Q gegen $-\infty$.

Duale Aufgabe wäre (Ungleichungen!)

$$\begin{pmatrix} 1 & 1 & 1 \\ & & \\ -2 & -1 & 3 \end{pmatrix} \cdot \begin{pmatrix} -w_1 \\ -w_2 \\ -w_3 \end{pmatrix} \leq \begin{pmatrix} -3 \\ \\ -1 \end{pmatrix}$$

$Q = -4\,(-w_1) + (-1)\,(-w_2) + (-3)\,(-w_3) = \max!$

dies ist gleichbedeutend mit

$-Q = 4\,(-w_1) + 1\,(-w_2) + 3 \cdot (-w_3) = \min!$

Es gibt jedoch keinen Vektor, der diese Nebenbedingungen erfüllt, denn mit $u_j = -w_j$ ist

$$u_1 + u_2 + \quad u_3 \leq -3$$

und $-2u_1 - u_2 + 3u_3 \leq -1$

also $\quad 0 + u_2 + 5u_3 \leq -7$

und dies ist nicht mit $u \geq 0$ vereinbar.

b) Die Zielfunktion ist

$Q(x) = 3 \cdot x_1 + 1 \cdot x_2$, wegen $x_1 \geq 0$, $x_2 \geq 0$ nimmt diese für $x_1 = x_2 = 0$ ihr Minimum an.

Duale Aufgabe ist

$$\begin{pmatrix} 1 & 1 & -1 \\ \\ -2 & -1 & 3 \end{pmatrix} \begin{pmatrix} -w_1 \\ -w_2 \\ -w_3 \end{pmatrix} \leq \begin{pmatrix} 3 \\ \\ 1 \end{pmatrix}, \quad (-w_i) \geq 0$$

$$\bar{Q}(-w) = (-4) \cdot (-w_1) + (-1) \cdot (-w_2) + (-3)(-w_3)$$

Offenbar bekommt man hier für $w_1 = w_2 = w_3 = 0$ das Maximum.

7. Sei x_{ik} die Menge, die wöchentlich von P_i nach A_k transportiert wird.

$$\begin{array}{l} x_{11} + x_{21} \geq a_1 \\ x_{12} + x_{22} \geq a_2 \\ x_{13} + x_{23} \geq a_3 \\ x_{11} + x_{12} + x_{13} \leq b_1 \\ x_{21} + x_{22} + x_{23} \leq b_2 \end{array}$$

$$\sum_{i,k} x_{ik} p_{ik} = \min!$$

Mit den gegebenen Werten:

x_{11}	x_{12}	x_{13}	x_{21}	x_{22}	x_{23}	b
−1	0	0	−1	0	0	− 5
0	−1	0	0	−1	0	− 6
0	0	−1	0	0	−1	− 7
1	1	1	0	0	0	10
0	0	0	1	1	1	15
1	2	3	4	3	2	0

Da einige der b_i negativ sind, kommt man für $x_{ik} = 0$, $i = 1, 2$, $k = 1, 2, 3$ nicht zu einer Ecke. Wir fügen Schlupfvariablen $y_1, \ldots, y_5$ ein und multiplizieren die ersten drei Zeilen mit −1

$$\begin{array}{l} \underline{x_{11}} + x_{21} - y_1 = a_1 \\ x_{12} + \underline{x_{22}} - y_2 = a_2 \\ x_{13} + \underline{x_{23}} - y_3 = a_3 \\ x_{11} + x_{12} + x_{13} + \underline{y_4} = b_1 \\ x_{21} + x_{22} + x_{23} + \underline{y_5} = b_2 \end{array}$$

und erhalten etwa in folgender Weise ein System, das eine Ausgangsecke abzulesen gestattet.

Man behalte die ersten drei Gleichungen bei, ziehe die 1.-te Gleichung von der 4.-ten, die 2.-te und 3.-te von der 5.-ten ab:

$$
\begin{array}{lllll}
x_{21} & -y_1 & & +x_{11} & = a_1 \\
x_{12} & -y_2 & & +x_{22} & = a_2 \\
x_{13} & -y_3 & & +x_{23} & = a_3 \\
-x_{21}+x_{12}+x_{13}+y_1 & + \; y_4 & & & = b_1 - a_1 \\
x_{21}-x_{12}-x_{13}+y_2+y_3+y_5 & & & & = b_2 - a_2 - a_3
\end{array}
$$

Simplextableau:

	x_{21}	x_{12} ↓	x_{13}	y_1	y_2	y_3	b		
x_{11}	1	0	0	−1	0	0	5	*	
x_{22}	0	1	0	0	−1	0	6	6/1	
x_{23}	0	0	1	0	0	−1	7	*	
y_4	−1	1	1	1	0	0	5	5/1	←
y_5	1	−1	−1	0	1	1	2	*	
Q	−3	+1	−1	−1	−3	−2	37		

Die Zielfunktion bekommt die Form

$$
\begin{aligned}
Q(x) &= 1 \cdot x_{11} + 2x_{12} + 3 \cdot x_{13} + 4 \cdot x_{21} + 3x_{22} + 2x_{23} \\
&= (5 + y_1 - x_{21}) + 2x_{12} + 3x_{13} + 4x_{21} + 3(6 + y_2 - x_{12}) \\
&\qquad + 2(7 + y_3 - x_{13}) \\
&= 37 + 3x_{21} - x_{12} + x_{13} + y_1 + 3y_2 + 2y_3
\end{aligned}
$$

Austauschschritt: x_{12} gegen y_4, weil x_{12} zu einem negativen Koeffizienten gehört und $5/1 < 6/1$ ist.

	x_{21}	y_4	x_{13}	y_1	y_2	y_3	b
x_{11}	1	0	0	−1	0	0	5
x_{22}	1	−1	−1	−1	−1	0	1
x_{23}	0	0	1	0	0	−1	7
x_{12}	−1	1	1	1	0	0	5
y_5	0	1	0	1	1	1	7
Q	−2	−1	−2	−2	−3	−2	32

Ende des Simplexverfahrens, da alle Koeffizienten p_i negativ geworden sind!

Die Lösung ist		Es erhalten	Kosten
$x_{11} = 5$	$x_{21} = 0$	A_1 : 5 t	5
$x_{12} = 5$	$x_{22} = 1$	A_2 : 6 t	10 + 3
$x_{13} = 0$	$x_{23} = 7$	A_3 : 7 t	14
Lieferung			Kosten = 32

von P_1 : 10 t von P_2 : 8 t

8. Es beschreiben die Ungleichungen

$$3x_1^2 + 4x_2^2 \leq 4 \text{ und } x_1 \geq 0,\ x_2 \geq 0$$

eine Viertelellipse, die offenbar konvex ist, die Ungleichung $3x_1^2 - 7x_2^2 \leq a$ hingegen eine von einer Hyperbel begrenzte Punktmenge.

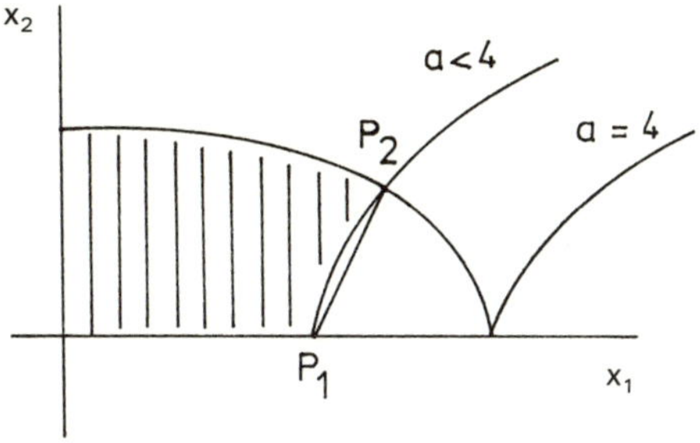

Diese Punktmenge enthält die Viertelellipse für $a \geq 4$, in diesem Fall ist die Menge der Punkte, die alle Ungleichungen erfüllen, also konvex.
Wird hingegen durch die Hyperbel für $a < 4$ ein Teil weggeschnitten, so ist die Menge nicht mehr konvex, denn die Verbindungsstrecke von $P_1 = (\sqrt{\frac{a}{3}}, 0)$ und den Schnittpunkt P_2 von Hyperbel und Ellipse liegt nicht in der Punktmenge.

9. Es ist $\varphi\ (x, u) = x_1^2 + x_2^2 + u(3x_1^2 + 4(x_2 - c)^2 - 3)$ und

$$\frac{\partial \varphi}{\partial x_1} = 2x_1 + u \cdot 6x_1 \geq 0, \quad x_1 \frac{\partial \varphi}{\partial x_1} = 0$$

$$\frac{\partial \varphi}{\partial x_2} = 2x_2 + u \cdot 2 \cdot 4(x_2 - c) \geq 0, \quad x_2 \frac{\partial \varphi}{\partial x_2} = 0$$

$$\frac{\partial \varphi}{\partial u} = 3x_1^2 + 4(x_2 - c)^2 - 3 \leq 0, \quad u \cdot \frac{\partial \varphi}{\partial u} = 0$$

a) Sei $c = 0$. Dann kann man wegen der Forderung $u \cdot \frac{\partial \varphi}{\partial u} = 0$ versuchen, mit $u = 0$ eine Lösung dieser Gleichungen und Ungleichungen zu finden. Es folgt zunächst $x_1^2 = x_2^2 = 0$ aus den beiden ersten Gleichungen und damit ist auch $\frac{\partial \varphi}{\partial u} \leq 0$ erfüllt. Also ist $x_1 = x_2 = 0$, $u = 0$ Lösung der Optimierungsaufgabe.

b) Sei $c = 1$. Die vorhergehende Schlußweise scheitert jetzt an $\frac{\partial \varphi}{\partial u}(0, 0, 0) = 1 > 0$. Also ist $u > 0$ und $\frac{\partial \varphi}{\partial u} = 0$ zu setzen. Ferner folgt aus der ersten Gleichung $x_1^2 (2 + u \cdot 6) = 0$ wegen $u > 0$, daß $x_1 = 0$, damit aus $\frac{\partial \varphi}{\partial u} = 0$ auch $x_2 = 1 \pm \frac{\sqrt{3}}{2} > 0$. Folglich muß $\frac{\partial \varphi}{\partial x_2}$ verschwinden, d. h. $u = \frac{-2 x_2}{8 \cdot (x_2 - 1)}$. Die Forderung $u > 0$ bedingt $x_2 < 1$, mithin $x_2 = 1 - \frac{\sqrt{3}}{2}$ und $u = \frac{2 - \sqrt{3}}{4 \cdot \sqrt{3}}$.

Literaturverzeichnis

[1] Beauclair, W. de: Rechnen mit Maschinen – Eine Bildgeschichte der Rechentechnik – Braunschweig 1968
[2] Beresin, I. S., Shidkow, N. P.: Numerische Methoden, Bd. I und II, Berlin 1971
[3] Collatz, L., Wetterling, W.: Optimierungsaufgaben, Berlin – Heidelberg – New York 1971 (T)
[4] Collatz, L., Albrecht, J.: Aufgaben aus der angewandten Mathematik, Bd. I und II, Braunschweig 1972/73 (T)
[5] Dworatschek, S.: Einführung in die Datenverarbeitung, Berlin – New York 1973
[6] Heinhold, J., Kulisch, U : Analogrechner, Mannheim 1969 (T)
[7] Henrici, P.: Elemente der Numerischen Analysis, Mannheim 1972 (T)
[8] Hotz, G.: Informatik: Rechenanlagen, Stuttgart 1972 (T)
[9] Isaacson, E., Keller, H. B.: Analyse numerischer Verfahren, Zürich – Frankfurt a. M. 1973
[10] Lamprecht, G., Lührs, S., Müller, W.: Programmierung mit Fortran IV, Braunschweig 1972 (T)
[11] Pentkowski, M. W.: Nomographie, Berlin 1953
[12] Schick, K.: Lineare Optimierungsaufgaben im Unterricht – Der Mathematikunterricht S. 52–75, Jg. 18, Heft 5, Stuttgart 1972
[13] Stiefel, E.: Einführung in die Numerische Mathematik, Stuttgart 1969
[14] Stoer, J.: Einführung in die Numerische Mathematik I, Berlin – Heidelberg – New York 1972 (T)
[15] Varga, R. S.: Matrix Iterative Analysis, Englewood Cliffs 1965
[16] Vogel, W.: Lineares Optimieren, Leipzig 1970
[17] Werner, H.: Praktische Mathematik I, Berlin – Heidelberg – New York 1970 (T)
[18] Werner, H., Schaback, R.: Praktische Mathematik II, Berlin – Heidelberg – New York 1972 (T)
[19] Wilkinson, J. H.: Rundungsfehler, Berlin – Heidelberg – New York 1969 (T)
[20] Wilkinson, J. H.: The Algebraic Eigenvalue Problem, Oxford 1965
[21] Wirth, N.: Systematisches Programmieren, Stuttgart 1972 (T)

Taschen- oder Studienbuchausgaben sind mit (T) gekennzeichnet.

Symbolverzeichnis

$\blacksquare$	Beweisende
$\approx$	annähernd gleich
$\doteq$	entspricht
$\rightarrow$	geht über in, strebt nach (bei Folgen)
$\sim$	in Kap. II werden hiermit gerundete Größen gekennzeichnet
$\vee$	Operator der Konjunktion
$\wedge$	Operator der Disjunktion
$\neg$	Operator der Negation
$\{x; \alpha(x)\}$	Menge von Elementen x mit der Eigenschaft α
(a, b)	$= \{x; a < x < b\}$
$(a, b]$	$= \{x; a < x \leq b\}$
$[a, b)$	$= \{x; a \leq x < b\}$
$[a, b]$	$= \{x; a \leq x \leq b\}$
$(x_1, \ldots, x_n)$	Zeilenvektor mit den Komponenten $x_1, \ldots, x_n$
(a_{ik})	Matrix mit Elementen a_{ik}
$\lvert a \rvert$	Betrag der Zahl a
$\lvert A \rvert$	Determinante der Matrix A,
	in Kap. IV Matrix $(\lvert a_{ik} \rvert)$ der Beträge der Elemente von A
$\lVert v \rVert$	Norm des Vektors v
$\lvert\lvert\lvert A \rvert\rvert\rvert$	Norm der Matrix A
0	steht für Null, Null-Vektor oder Nullmatrix je nach Kontext
A'	Transponierte der Matrix A
v'	Transponierter des Vektors v
$f'(x)$	Ableitung der Funktion f nach x
$C(G)$	Menge der im Gebiet G stetigen Funktionen
$\mathbb{C}$	Menge der komplexen Zahlen
$\mathbb{C}^n$	$= \{x; x = (x_1, \ldots, x_n)', x_i \in \mathbb{C}\}$
$\frac{\partial f}{\partial x}$	partielle Ableitung der Funktion f nach x
E	Einheitsmatrix
$\in$	Element aus
ε	Fehlergröße (Variable) oder Fehlerschranke (Konstante)
I	Intervall, $I = [a, b]$
L	linke untere Dreiecksmatrix
log	Logarithmus zur Basis 10
ln	natürlicher Logarithmus
$\mathbb{N}$	Menge der natürlichen Zahlen
o, O	Landausche Symbole
oBdA	Ohne Beschränkung der Allgemeinheit
R	rechte obere Dreiecksmatrix
$\mathbb{R}$	Menge der reellen Zahlen
$\mathbb{R}^n$	$= \{x; x = (x_1, \ldots, x_n)', x_i \in \mathbb{R}\}$
xy-Ebene	Ebene mit einem Koordinatensystem x und y

Sachregister

Tutorial · Reihe Mathematik

Herausgegeben von den Professoren
Dr. Martin Glatfeld (PH Bielefeld), Dr. Egon Joachim (EWH Koblenz) und
Dr. Bernold Picker (PH Köln)

Die Reihe ‚Tutorial' übernimmt die Aufgaben eines Tutors, der mit seinen ‚tutorials' in mathematische Grunddisziplinen und ihre Denkmethoden einführt. So wendet sich die Reihe an alle Studierenden der Mathematik und ihrer Anwendungen, insbesondere an diejenigen, die sich im Fach Mathematik auf das Lehramt – gleich welcher Stufe – vorbereiten.

Für das Selbststudium sind allen Bänden instruktive Beispiele und zahlreiche Aufgaben mit Lösungen beigegeben. Der Schwierigkeitsgrad der Aufgaben ist gekennzeichnet. An ihnen werden neue Begriffe erläutert und eingeübt, es werden die Zusammenhänge erarbeitet; vor allem aber wird an ihnen demonstriert, wie man im Fach Mathematik zu neuen Ergebnissen kommt.

Auch im Rahmen der Lehrerweiterbildung, der Lehrerfortbildung und der Erwachsenenbildung (VHS-Kurse) bieten die Bände reiche Information zu neueren Gebieten der Mathematik und neuen Formen der Darstellung. Die Reihe ‚Tutorial' vermittelt zwischen Schule und Wissenschaft und hilft eine Kluft zu überbrücken, die besonders den Anfangssemestern große Schwierigkeiten bereitet.

Jeder Band ist in sich abgeschlossen. Die begrifflichen Voraussetzungen werden jeweils in einem Einleitungskapitel skizziert. Der Aufbau ist unter didaktischen Aspekten sorgfältig durchgearbeitet, da Autoren und Herausgeber als Dozenten an Universitäten und Pädagogischen Hochschulen immer wieder mit den Schwierigkeiten der Studienanfänger konfrontiert werden.

Pädagogischer Verlag Schwann

Klaus Dieter Hofmann

Einführung in die Informationstheorie
ISBN 3-590-14411-4

Egon Joachim

Einführung in die Algebra
ISBN 3-590-14402-5

Günter Müller

Reelle Zahlen
Anschaulicher Aufbau des Zahlensystems
ISBN 3-590-14401-7

Wolfgang Pejas

Projektive Geometrie
ISBN 3-590-14413-0

Bernold Picker

Mengenlehre 1
ISBN 3-590-14403-3

Karl Schick und Georg Schmitz

Mathematische Voraussetzungen einer modernen Wirtschaftsmathematik
ISBN 3-590-14406-8

Karl Schick und Georg Schmitz

Wirtschaftsmathematik I: Optimierungsprobleme
ISBN 3-590-14412-2

Wilhelm Schräder

Einführung in die Zahlentheorie
ISBN 3-590-14404-1

Klaus Wagner

Analysis
I: Differentialrechnung ISBN 3-590-14410-6
II: Integralrechnung: ISBN 3-590-14414-9

Pädagogischer Verlag Schwann